science
i

とことんやさしい
ヒト遺伝子のしくみ

体型も性格も運動能力も
病気のかかりやすさも左右する

生田 哲

SB Creative

著者プロフィール

生田 哲(いくた さとし)
1955年、北海道に生まれる。薬学博士。がん、糖尿病、遺伝子研究で有名なシティ・オブ・ホープ研究所、カリフォルニア大学ロサンゼルス校（UCLA）、カリフォルニア大学サンディエゴ校（UCSD）などの博士研究員を経て、イリノイ工科大学助教授（化学科）に。遺伝子の構造やドラッグデザインをテーマに研究生活を送る。帰国後は、生化学、医学、薬学などライフサイエンスを中心とする執筆活動を行う。著書に、『脳は食事でよみがえる』『よみがえる脳』『脳と心を支配する物質』『脳にいいこと、悪いこと』『がんとDNAのひみつ』『ウイルスと感染のしくみ』（サイエンス・アイ新書）、『ボケずに健康長寿を楽しむコツ60』『日本人だけが信じる間違いだらけの健康常識』（角川oneテーマ21）など多数。

生田哲と学ぶ、脳と栄養の教室
http://www.brainnutri.com/

本文デザイン・アートディレクション：クニメディア株式会社
カバー・本文イラスト：いぐちちほ
校正：長岡恒存、壬生明子、曽根信寿

はじめに

　この地球上には、たくさんの生物が住んでいます。ネズミは生まれたときからネズミです。チンパンジーは生まれたときからチンパンジーです。ネズミがいくら努力してもネコにはなれないし、チンパンジーもヒトにはなれません。なぜでしょうか？

　一方、同じ種のなかにも違いはあります。ヒトとして生まれても、一卵性双生児を除けば、どのヒトも1人として同じではありません。すべてのヒトの顔、身長、体重、知能指数、性格などの特徴は、大なり小なり異なっています。しかし、太った両親の家庭には太った子どもが多い、背の高い両親の家庭には背の高い子どもが多い、親の性格と子どもの性格が似ているなど、子どもは親に似る傾向があります。

　いまでは、ネズミが猫になれない理由がわかっています。子どもが親に似る理由もわかっています。ネズミにはネズミの、ネコにはネコの、A君にはA君の、B君にはB君の遺伝子が生物としての性質を決定しているからです。

　遺伝が重要だということは、少なくとも19世紀のダーウィンのころには明らかでした。しかし遺伝を担うのがどのような物質なのかは、長い間ナゾでした。

　ところが1953年、ワトソンとクリックがDNA

(Deoxyribonucleic Acid)の立体構造のモデルを提出して、DNAこそが遺伝子であることがわかったのです。この年を境にして、生命現象を分子という言葉で説明する「分子生物学」という学問が誕生しました。

DNAは遺伝だけにかかわるのではありません。たとえば、がんは、DNAに障害が起こることから発生します。ほかにも多くの病気が、じつは遺伝子に障害が起こることから始まることがわかってきました。

病気が遺伝子の障害によって起こるのなら、細胞に正常な遺伝子を導入して治療しようとするのは理にかなっています。この治療法を遺伝子治療といいます。

分子生物学やライフサイエンス(生命科学)の研究が進み、医学や医療技術が飛躍的に発展しました。たとえば、遺伝子診断、人工臓器、骨髄移植、臓器移植、ES細胞(胚性幹細胞)、iPS細胞(人工多能性幹細胞)などの移植技術、人工受精などがあげられます。

これらの技術の恩恵によって、以前ならば助からなかったような病気で苦しむ患者が、いまでは命を落とさずにすむようになりました。また、不妊の夫婦も子宝に恵まれるようになりました。発症するはるか前に病気を予測することもできるようになり、食生活を改善することで予防も可能となりました。

しかし、このようなメリットにともない、わたしたちが考えねばならない問題も増え、複雑になってきました。医療技術が発達したことで、生きること、そして死ぬことの

境界が不明瞭になりつつあります。たとえば、脳死。生死の境界はどこにあるのでしょうか？

　脳死を受け入れる際に、だれがどのような方法で脳死を判定するのでしょうか？　末期医療の患者や植物状態の人は、いつまで生きるべきなのでしょうか？　遺伝子治療の場合も含めて、どこまでが治療として許容されるのでしょうか？

　科学や医学・医療を監視し、その価値を判断しなくてはなりません。だれがそれをするのでしょうか？　専門家？　ご冗談でしょう。価値判断を専門家のみにまかせてはいけません。なぜなら、往々にして専門家は視野が狭く、暴走しがちであるから、彼らだけにまかせておくのはあまりに危険です。

　それに、科学や医学の研究に資金提供するスポンサーは、税金を支払っている、みなさんなのです。

　そういうわけで科学や医学・医療を監視し、その価値を判断するのは、わたしたち一般市民の責任でもあります。

　一般市民であるわたしたちが科学や医学を理解するには、基礎知識が必要です。この本がその役に立てばと念願しております。21世紀は、生命の意味とわたしたちの人生観を問う世紀といえます。

　本書をまとめるにあたって、多くの有益なコメントをくださったSBクリエイティブの益田賢治氏に深く感謝いたします。

2014年3月　生田 哲

CONTENTS

はじめに ……………………………………………………………3

第1章　ヒト遺伝子を遠くから眺めると …………………9
0　欠かせないヒト遺伝子の知識 ………………………10
1　ヒトの遺伝を決める遺伝子 …………………………14
2　DNAは長い糸：遺伝子とDNAの関係 ……………18
3　ゲノムとはなにか？ …………………………………20
4　バクテリアを構成する原核細胞 ……………………23
5　ヒトを構成する真核細胞 ……………………………26
6　新しい細胞をつくる有糸分裂 ………………………28
7　精子や卵子をつくる減数分裂 ………………………30
8　なぜ、同じ親から性格や体質の違った子どもが生まれるのか？ …………………………………………32

第2章　遺伝子の本体はDNA ……………………………37
1　生物と無生物の違い …………………………………38
2　生物は自己複製する …………………………………40
3　子が親に似るのは遺伝のせい？ ……………………42
4　遺伝を解明したメンデル ……………………………47
5　遺伝を担うのは化学物質 ……………………………50
6　遺伝子はDNAか、それともタンパク質か？ ………53
7　遺伝子がDNAであることを最初に証明したアベリーの実験 …………………………………………56
8　遺伝子がDNAであることを決定づけたハーシーとチェイスの実験 ……………………………58
9　DNAの基礎知識 ………………………………………61

第3章　DNAの姿と働き …………………………………65
1　シャルガフによるDNAの化学分析 …………………66
2　ワトソン・クリックのDNAモデル …………………69
3　生体分子の形を保つ主役は弱い結合：水素結合 …72
4　DNAの立体構造の生物学的な意味 …………………74
5　DNAの複製は半保存的である ………………………77
6　短いDNAの変性と復元 ………………………………79
7　紫外線の吸収、変性と復元の調べ方 ………………81

とことんやさしいヒト遺伝子のしくみ

体型も性格も運動能力も病気のかかりやすさも左右する

サイエンス・アイ新書

8	長いDNAの変性と復元	83
9	DNAの安定性は長さと塩基配列で決まる	85
10	ミスマッチのDNAは熱的に不安定	88
11	DNAドデカマーの結晶構造	91
12	ヒトの細胞に存在するDNAは全長2メートル!	93
13	遺伝情報の流れ	95
14	大腸菌からヒトまで共通の遺伝暗号	98
15	転写と翻訳のコントロール	100
16	転写を進めるRNAポリメレースの活躍	102
17	転写をコントロールするプロモーター	104
18	塩基配列による転写の終わり	107
19	タンパク質による転写の終わり	109
20	tRNAやrRNAの合成	111
21	複製と転写を担当する酵素の比較	113

第4章 ヒト遺伝学の基礎 ……… 117

1	原核細胞と真核細胞の転写と翻訳	118
2	ヒト遺伝子の構造	120
3	RNAのプロセッシング	122
4	転写の終わりとポリAテイル	124
5	エクソンとエクソンをつなぐスプライシング	126
6	RNAが触媒として働く!	128
7	エンハンサーとホルモンの働き	130
8	「飲める」「飲めない」は遺伝子で決まる	132
9	翻訳の開始と延長	134

CONTENTS

- 10 翻訳の終了 …………………………………… 136
- 11 長いDNAが梱包されたクロマチン ……… 138

第5章　遺伝性疾患と遺伝子診断 … 141

- 1 病気、いま、むかし …………………………… 142
- 2 遺伝性疾患は遺伝子の欠陥で起こる ……… 144
- 3 遺伝子の変異で病気になる …………………… 147
- 4 赤ちゃんの脳が危ない、フェニルケトン尿症 …… 148
- 5 ヘモグロビンの異常で起こる鎌状赤血球貧血 …… 151
- 6 免疫が働かないADA欠損症 ………………… 154
- 7 3つのタイプの遺伝性疾患 …………………… 156
- 8 遺伝子の異常と病気の関係 …………………… 158
- 9 劣性遺伝とはなにか …………………………… 161
- 10 男性だけが影響を受けるX染色体劣性遺伝 …… 163
- 11 ポリジーンによる遺伝性疾患と環境による異常 …… 165
- 12 遺伝性疾患を診断する意味 …………………… 169
- 13 イメージングによる胎児の診断 ……………… 171
- 14 遺伝性疾患の生化学的な診断 ………………… 173
- 15 制限酵素というハサミによるDNAの切断 …… 176
- 16 DNA断片を分離するゲル電気泳動 ………… 178
- 17 DNAを検出する ……………………………… 181
- 18 目標とする遺伝子を見つけるジーン・ハンティング …… 183
- 19 ジーン・ハンティングに欠かせないサザン・ブロット法 …… 184
- 20 鎌状赤血球貧血の遺伝子診断 ………………… 186
- 21 ハンチントン病の遺伝子診断 ………………… 188
- 22 食生活が命を救う ……………………………… 190
- 23 診断できても治療法のないパーキンソン病 …… 192
- 24 遺伝子治療とはなにか ………………………… 194
- 25 遺伝子治療の技術的な課題 …………………… 197
- 26 幹細胞治療の可能性 …………………………… 199

参考文献 ……………………………………………… 202
索引 …………………………………………………… 204

第1章

ヒト遺伝子を遠くから眺めると

わたしたちヒトの遺伝を決めている遺伝子は、体の中のどこにあるのでしょうか？ またどのような形で、どのような働きをしているのでしょうか？ まず本章では、遺伝子を理解するために細胞レベルから見ていくことにしましょう。

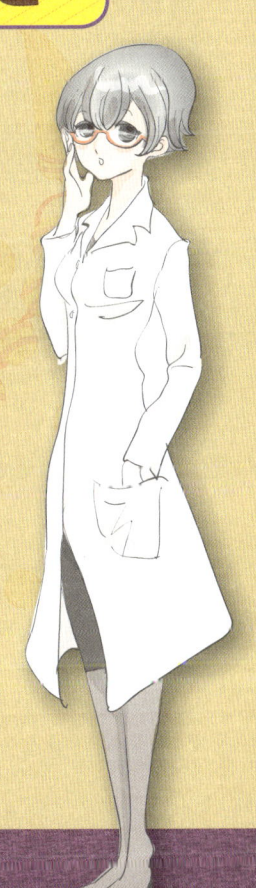

❶ 欠かせないヒト遺伝子の知識

　自分の運命を知りたい。とりわけ、健康や病気についてはだれもが気になるところです。古代人は、自分の運勢を星座で占いました。でも、現代では、それを遺伝子で調べることができるようになりました。

　アメリカの人気女優アンジェリーナ・ジョリーは、遺伝的に乳がんのリスクが87％とわかり、乳腺の切除手術を受けました（図1-0a）。まだ発症もしていないのに乳腺を切除したのには、世界が驚きました。

　手記によると、彼女のがん抑制遺伝子BRCA1に変異が見つかり、将来乳がんを発症するリスクが87％、卵巣がんのリスクが50％と医師から知らされたとのこと。

　遺伝子検査でわかる発症リスクは、乳がんだけではありません。アルツハイマー病、パーキンソン病、ハンチントン病も発症リスクがある程度はわかるのです。

　ほとんどの病気は遺伝子に関係があるので、原理的には遺伝子を調べれば発症リスクがわかるはずです。でも、リスクが高いからといって、かならず発症するわけではありません。遺伝子はわたしたちの体質を決めるだけなのです。だから、食事を改善する、あるいは、生活スタイルを変えることで、多くの病気の発症を防ぐことができるのです。

　近い将来、読者はつぎのような光景を目にするかもしれません。

　純子は生後3カ月になる長男・幸夫をだいて横浜クリニックの一室でイスに腰かけました。医師は、慣れた手つきで脱脂綿をピ

第1章 ヒト遺伝子を遠くから眺めると

図1-0a 乳がんのリスクを知り手術に踏み切ったアンジェリーナ・ジョリー

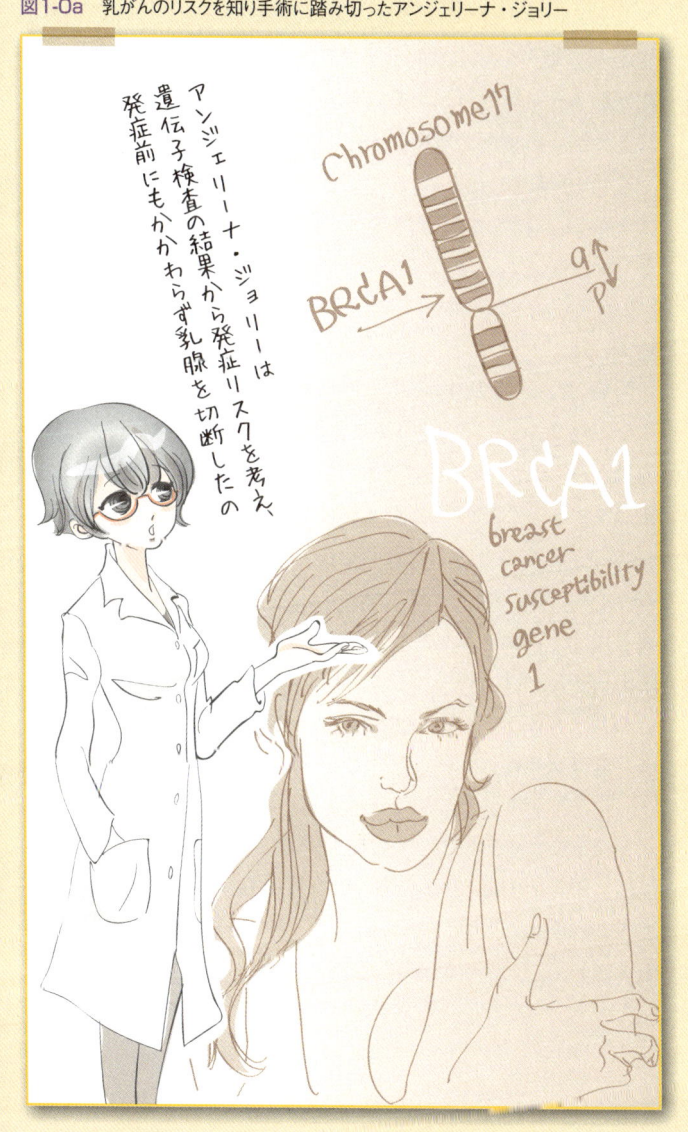

アンジェリーナ・ジョリーは遺伝子検査の結果から発症リスクを考え、発症前にもかかわらず乳腺を切断したの

Chromosome17

BRCA1

q
p

BRCA1
breast
cancer
susceptibility
gene
1

ンセットでつまんで幸夫の口に入れると、あっという間に粘膜細胞を吸い取り、試験管に入れました。そしてイスをくるりと180度回転させた医師は、正面にあるDNA分析器にその試験管を入れました。

それから約10分間、医師は幸夫の家庭環境について純子に質問をしているうちに、DNA分析の結果がプリンターからスルスルとでてきました。この分析結果を手にとった医師は、幸夫をひざにかかえた純子に向かって静かに、しかし厳そかな口調で話し始めました。

医師「フム、幸夫君のほとんどの遺伝子はだいじょうぶのようですな。ただ、少し気がかりなことがあります。それは、幸夫君は大腸がんにかかりやすい体質だということなんです。このため、便秘はできるだけ避けねばなりませんよ。ダイエタリー・ファイバー(食物繊維)を多く含んだ野菜を中心にした食生活を生涯つづけるのがよいでしょう」

純子「ハイ、わかりました」

医師「あっ、それからもうひとつ。この子はぜんそくにもなりやすい体質だから、できるだけ空気のよい場所に住むのがよいでしょう。車の交通量のなるべく少ない住宅地に住むのがよいですね」

今後ますますヒト遺伝子の研究が進みます。病気だけでなく、性格、知能、才能、運動能力なども遺伝子診断の対象となるでしょう。いまは、わたしたちがよりよい人生を歩むために、ヒト遺伝子の知識が欠かせない時代なのです(図1-0b)。

第1章 ヒト遺伝子を遠くから眺めると

図1-0b　よりよい人生を歩むためのヒト遺伝子の知識

遺伝子検査

食事療法

居住環境

近い将来、病気だけでなく、
性格や知能、才能、運動能力なども
遺伝子診断の対象になってくるから、
そのための知識をこの本で
しっかり身につけましょう!!

1 ヒトの遺伝を決める遺伝子

　わたしたちヒトの遺伝を決めているのが、遺伝子です。遺伝子は遺伝をつかさどる物質です。遺伝子は細胞がどんなタンパク質をつくるのか、どれだけつくるのかを指令しているのです。このように大切な役割を担った遺伝子は、わたしたちの体の中のどこにあるのでしょう？

　まず、遺伝子（Gene）の居場所を探してみましょう。その際に、体を1つのハコ（箱）とみなすと便利です。イラストを見ながら説明します（図1-1）。

(a) ヒトの体には骨、筋肉、皮膚、血液、神経、歯や髪などがありますが、これらはどれも細胞という小さな単位がたくさん集まってできたものです。別の表現をすれば、ヒトというハコの中に、およそ60兆個の細胞が入っているということです。驚くことに、この小さい細胞もまたハコになっているのです。

(b) この細胞というハコを開けると、さまざまな部品が詰まっていることがわかります。細胞の真ん中くらいに核があり、核の中に染色体の集まりであるゲノムがあります。

(c) ゲノムというハコの中には23対（46本）の染色体があります。

(d) 46本の染色体のうちの1本を拡大しました。核の中を顕微鏡で覗くと、細胞が分裂しているときだけ色素に染まる物質が見つかりました。それで、この物質に染色体という名前をつけました。

(e) 染色体というハコを開けると、クロマチンと呼ばれるユニットがあります。

(f) クロマチンのハコの中には、いくつかのヌクレオソームが見え

第1章 ヒト遺伝子を遠くから眺めると

図1-1 ヒト、細胞、ゲノム、染色体、遺伝子

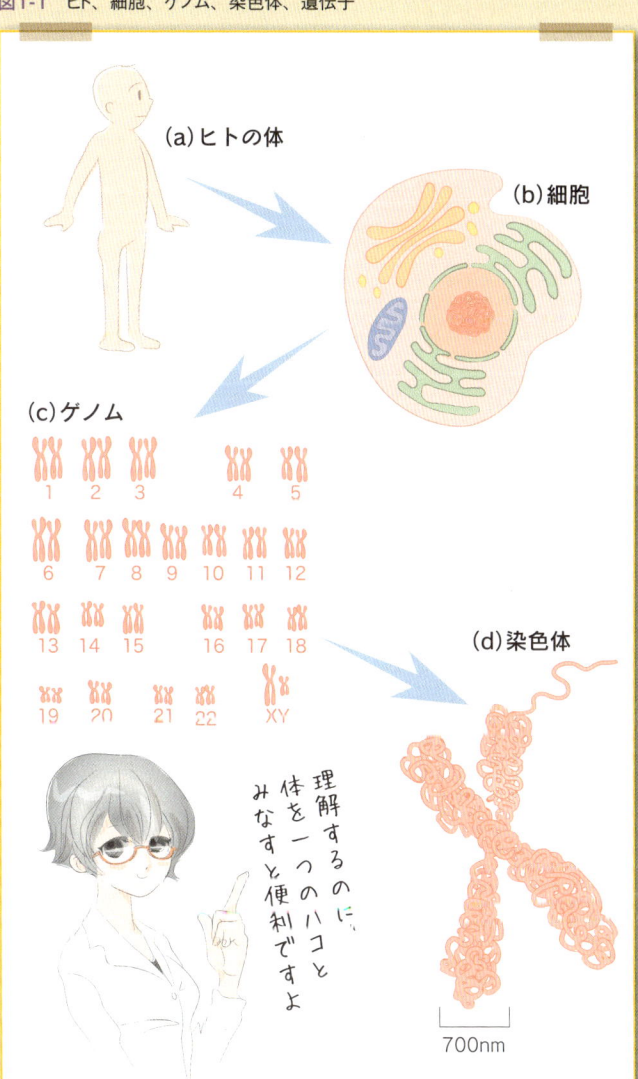

(a) ヒトの体

(b) 細胞

(c) ゲノム

(d) 染色体

理解するのに、体を一つのハコとみなすと便利ですよ

700nm

ます。ヌクレオソームとは、ヒストンという丸いタンパク質に糸を巻いた形をしたものです。そして、

　(g)ヌクレオソームの中を開けると、DNA（Deoxyribonucleic

- 30nm
- 200nm
- 11nm
- (e)クロマチン
- (f)ヌクレオソーム
- ヒストン
- 2nm
- (g)DNA

第1章 ヒト遺伝子を遠くから眺めると

acid：デオキシリボ核酸）が見つかりました。

　ヒトの細胞内でDNAは、ヒストンという糸巻きに巻かれ、ヌクレオソームと呼ばれています。たくさんのヌクレオソームがぎゅっと密に詰まったのが、凝縮クロマチンです。凝縮クロマチンでは、DNAが遺伝子として働くことができず（遺伝子オフ）、タンパク質はできません。

(h) 一方、ヌクレオソームの詰まりぐあいが緩いのが、非凝縮クロマチンです。非凝縮クロマチンでは、DNAは遺伝子として働き（遺伝子オン）、タンパク質がつくられます。

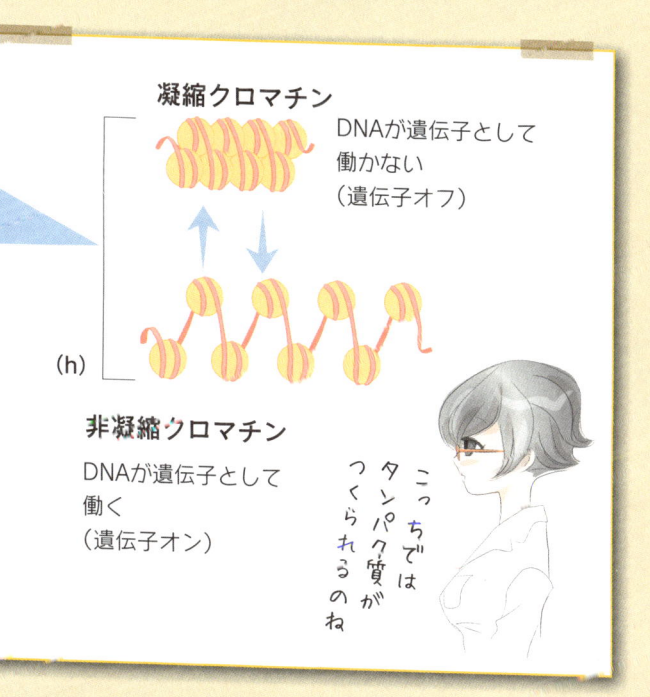

凝縮クロマチン
DNAが遺伝子として働かない
（遺伝子オフ）

(h)

非凝縮クロマチン
DNAが遺伝子として働く
（遺伝子オン）

こっちではタンパク質がつくられるのね

2 DNAは長い糸: 遺伝子とDNAの関係

　ヒトのケースでは、1つの細胞の中にある46本の染色体のうちの1本には平均1億個の塩基対（93ページ参照）が並んでいます。この1本の染色体をまっすぐに伸ばすと、約3.3センチになります。
　だから、DNAは直径2ナノメートル（1ナノメートル＝100万分の1ミリ）、長さ3.3センチの糸とみなすことができます。ナノメートルという単位は実感がわかないでしょう。そこでDNAの直径を20センチとすると、長さは3,300キロにも達するのです。
　DNAが非常に長い糸のようなものだということが実感できるでしょう。ちなみに1つの細胞の中にあるすべてのDNAをつなげると、驚くことに2メートルにもなります。
　遺伝子とDNAは同じ意味で使われることが多いのですが、誤解を招くことがあります。だから、この本ではDNAと遺伝子を分けて定義します。
　DNAとはデオキシリボ核酸という物質の略称です。1本のDNAにはタンパク質をつくるための暗号が並んでいますが、1本のDNAで1つのタンパク質をつくるわけではありません。1本のDNAの一部分が1つのタンパク質をつくるために働きます。この部分が遺伝子です。

　遺伝子はDNAの一部分であって決して全体ではないことが、おわかりいただけたでしょう。もう少しくわしく、遺伝子とDNAの関係について説明します。
　DNAはつぎの3つの部分からできています。
　1番目は、構造遺伝子と呼ばれるもので、どのようなタンパク

質をつくるかを指令しています。

　2番目が、**調節部位**と呼ばれるもので、タンパク質をいつつくるか、どれだけつくるかを指令しているのです。この部分は1番目に比べると、はるかに短いのです。通常、1番目と2番目のDNAのことを遺伝子といいます。

　そして3番目は、どのような役割をはたしているのか、わからない部分です。わからない部分が少しくらいならしかたない、という気持ちになるかもしれません。しかし、ヒトDNAのなかでもっ

図1-2　DNAと遺伝子の違い

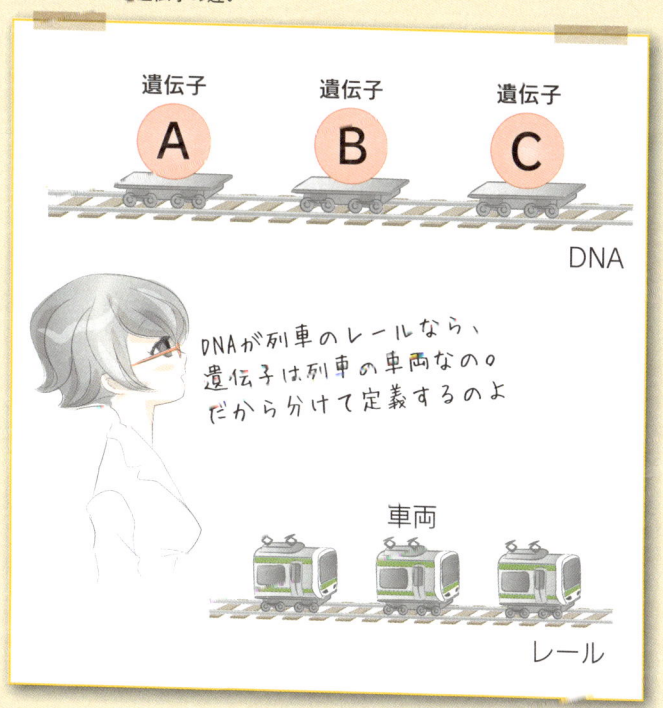

> DNAが列車のレールなら、
> 遺伝子は列車の車両なの。
> だから分けて定義するのよ

とも多い部分は1番目でも2番目でもなく、じつは3番目なのです。3番目の部分がDNA全体の97%を占めているのです。要するに、DNAの大部分が3番目で、2014年現在においてよくわかっていないのです。

多くの科学者が研究して、DNA全体の3%に相当する遺伝子の意味を理解しようとしているのです。ところで、遺伝子の働きについてどのくらいわかっているのでしょうか。じつは、タンパク質を合成するDNAのごく一部分にすぎないのです。ここでいう一部分とは、高く見積もって10%です。だから、3%×10% = 0.3%で、DNA全体の0.3%くらいしか働きがわかっていないのです。

3 ゲノムとはなにか？

細胞の中にある、完全な働きをする1組の染色体のことを**ゲノム**（Genom）といいます。ヒト（男性）のゲノムにある染色体をスケッチしました（図1-3a）。染色体は全部で23種類あり、大きさの順に1、2、3……23番というぐあいに番号で呼びます。

そして1番から22番までの染色体を**常染色体**といい、23番の染色体を**性染色体**といいます。図1-3bに男性と女性の性染色体をまとめてみました。

それぞれの染色体は2本ずつ対になっています。1本は父親、もう1本は母親に由来します。対になっている2本の染色体はまったく同じもので、これを**相同染色体**といいます。すなわちヒトのゲノムには、23本の染色体が2セット存在するのです。

生物を構成する最小の単位が細胞です。ひと口に細胞といっても、ヒトには**体細胞**と**生殖細胞**の2種類があります。

体細胞とは、皮膚、筋肉、爪、髪、心臓、肝臓、膵臓など、通

常の細胞のことで、わたしたちが生きるために必要な細胞のことです。体細胞には染色体が2セットあることから、**2倍体**と呼びます。

一方、生殖細胞とは精子や卵子のことです。その役割は子孫を残すことで、タンパク質をつくることには使われません。生殖細胞には染色体が1セットしかないことから、**1倍体**といいます。

わたしたちが生きていくには、タンパク質をつくらねばなりま

図1-3a　ヒトのゲノム、22対(44本)の常染色体と1対(2本)の性染色体

染色体は2本ずつ対になっていて、これを相同染色体というの

せんが、そのために使われるのが、体細胞のゲノムにある染色体です。それぞれの番号の染色体は2本で1対になっていて、そのうち1本が使われ、もう1本は使われません。すなわち、実際に使われている染色体は23本で、残りの半分である23本は休んでいるのです。

2倍体の体細胞から見ていきます(図1-3b)。男性の体細胞には常染色体が44本、そして性染色体としてXとYがそれぞれ1本ずつあります。一方、女性の体細胞には常染色体が44本、性染色体として2本のXがあります。

つぎに1倍体である生殖細胞を見てみましょう。男性の生殖細胞(精子)には、体細胞の半分にあたる22本の常染色体、性染色体としてXまたはYがあります。すなわち、Xをもつ精子とYをもつ精子の2種類があるのです。これに対して、女性の生殖細胞(卵子)には、22本の常染色体と1本のXがあります。すなわち、卵子は1種類しかないのです。

図1-3b　体細胞と生殖細胞における染色体の数と種類

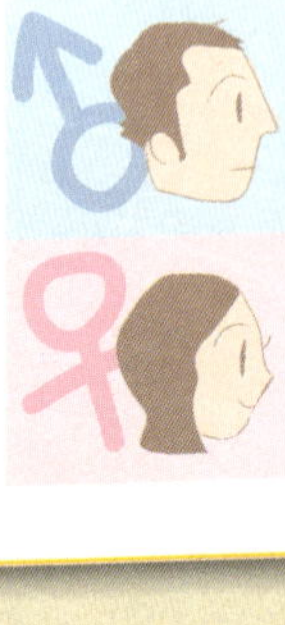

	体細胞		生殖細胞	
	常染色体	性染色体	常染色体	性染色体
♂	44本	X、Y	22本	XまたはY
♀	44本	X、X	22本	X

第1章 ヒト遺伝子を遠くから眺めると

4 バクテリアを構成する原核細胞

　小さなものから大きなものまで、地球には多種多様な生物が住んでいます。たとえば、小さな生物として大腸菌やイースト（酵母）、大きな生物はキリン、ゾウ、クジラなどです。単純で下等な生物から複雑で高等な哺乳類まで、すべての生物は細胞を単位にできています。

　もっとも単純な生物はたった1つの細胞からできています。これを**単細胞生物**といいます（図1-4a）。対照的に、たくさんの細胞からできている生物を**多細胞生物**といいます。細胞は生物をつくる最小の単位なのです。

図1-4a　細胞構造での生物の分類

原核生物：
1個の原核細胞からできている

例）バクテリア、藍藻類、
クラミジアなど

真核生物：
たくさんの真核細胞が
集まってできている

原核生物を除いたすべての生物
例）植物、動物

23

生物の大きさは、種類によってずいぶん異なりますが、細胞の大きさはそれほど大きく違いません。たとえば、単細胞生物のバクテリアは直径が1マイクロメートルから2マイクロメートルです（1マイクロメートルは1,000分の1ミリ）。たいていの多細胞生物の細胞の直径は10マイクロメートルくらいですから、単細胞生物の細胞の5倍から10倍の大きさにすぎません。細胞の大きさと生物の大きさは、あまり関係がありません。

図1-4b　原核細胞（バクテリア）の模式図

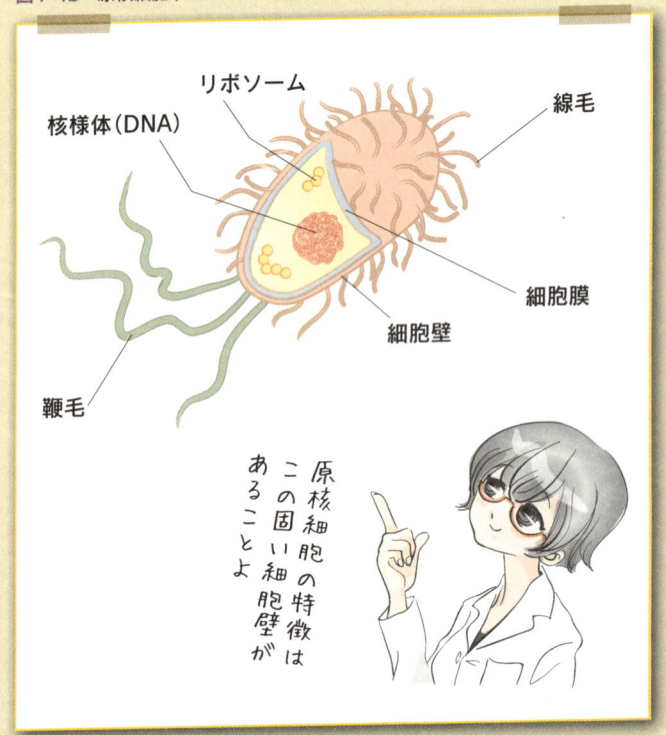

（図：原核細胞の模式図。リボソーム、核様体（DNA）、線毛、細胞膜、細胞壁、鞭毛）

> 原核細胞の特徴はこの固い細胞壁があることよ

第1章　ヒト遺伝子を遠くから眺めると

　生物を細胞の構造によって分けると、原核（前核）生物と真核生物の2種類になります。原核生物は1つの原核細胞からできており、核がありません。これに対し、真核生物は核をもつ真核細胞がたくさん集まってできたものです。

　原核生物は、バクテリア（細菌）、藍藻類、マイコプラズマ、クラミジア、リケッチアなどです。藍藻類は青い色をしたバクテリアです。

　原核細胞（バクテリア）をスケッチしました（図1-4b）。原核細胞は膜（細胞膜）に包まれており、膜の外側は固い壁によって外界から仕切られています。この固い壁があることがバクテリアのユニークな点です。

　では、大切な遺伝情報は、どこにあるのでしょうか？　じつは、原核生物では、環状DNAが裸のままで塊として存在するのです。このDNAの塊のことを核様体といいます。それから、細胞の中に丸い小さな玉がつながっているのが見えます。これがリボソームです。リボソームは、タンパク質をつくる工場です。

　細胞の表面に、細い繊維状の突起が見えます。これを線毛といいます。線毛の役割は、バクテリアがほかの細胞にくっついて感染するのを助けることです。また、細胞の表面に見える長い毛のようなものが鞭毛です。鞭毛を使ってバクテリアは泳いで移動するのです。

5　ヒトを構成する真核細胞

　真核生物は、バクテリアや藍藻類などの原核生物ではない、すべての生物を指します。動物や植物は真核生物です。真核生物は多細胞生物なのですが、例外は単細胞でも真核生物のイーストです。真核細胞という名前は、原核細胞よりも進化した「真の核」をもつことに由来します。

　真核細胞をスケッチしました（図1-5）。真核細胞の大きさは10マイクロメートルほどで、原核細胞のおよそ10倍の大きさです。すべての真核細胞に共通するのは、核、ミトコンドリア、リボソーム、小胞体、ゴルジ体があることです。真核細胞は原核細胞に比べ、格段に進化しているのです。

　核は核膜に包まれていて、そのところどころに直径50～80ナノメートル（50ナノメートルは1ミリの2万分の1）の核膜孔と呼ばれる孔があいています。この孔を通して、タンパク質、DNA、RNAなどが核の内部と外部をいったりきたりします。核の中に遺伝情報であるDNAが染色体として存在します。

　ミトコンドリアは、生体で用いるエネルギーをつくる工場です。そうはいっても、わたしたちの日常生活と異なって、生体では電気もガスも通っていません。そのかわりに、生体はアデノシン三リン酸（ATP）をエネルギー源として用いているのです。

　細胞の中央やや右上に見える小さな丸いつぶが、タンパク質をつくる工場のリボソームです。網状の器官が小胞体という器官です。タンパク質を運ぶのが役割のため、小胞体は細胞膜や核膜につながっていることが多いのです。

　小胞体にリボソームがくっついたものを粗面小胞体といい、リ

ボソームがくっついていない小胞体だけのものを滑面小胞体といいます。

　細胞膜のそば、中央やや上に袋のような形をした器官が見えます。これがゴルジ体で、その役割は、リボソームの上でつくられたタンパク質に糖をくっつけることです。

　糖がつくと、タンパク質の性質が大きく変わります。その変化の1つは、タンパク質が水によく溶けるようになることです。こうして、生体はタンパク質をたくみに輸送しているのです。

図1-5　真核細胞の模式図

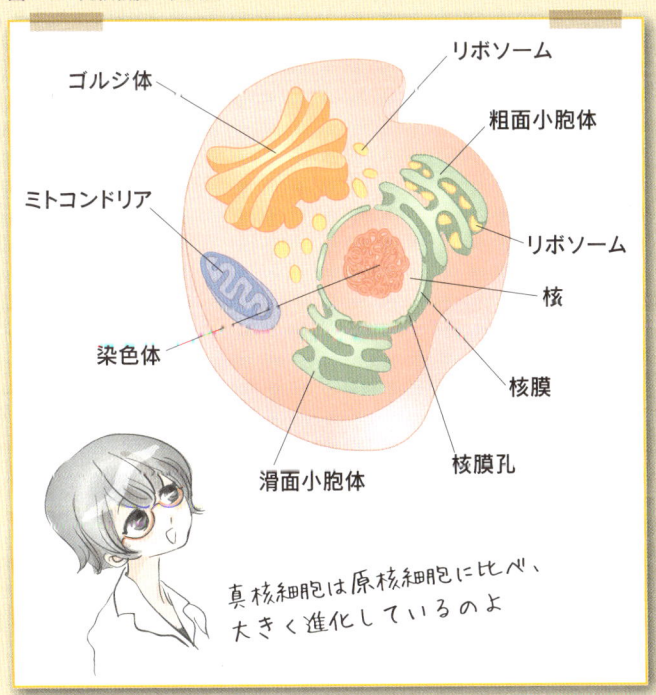

ゴルジ体
リボソーム
粗面小胞体
ミトコンドリア
リボソーム
核
核膜
染色体
核膜孔
滑面小胞体

真核細胞は原核細胞に比べ、大きく進化しているのよ

6 新しい細胞をつくる有糸分裂

皮膚、筋肉、爪などの体細胞はどんどん死んでいくので、たえず新しい細胞がつくられています。その方法を見ていきましょう。

古い細胞のことを**親細胞**、新しくできる細胞を**娘細胞**と呼びます。親細胞が自分とまったく同じゲノムをもった娘細胞を2つつくる分裂の仕方を**有糸分裂**といいます。

有糸分裂には、G1、S、G2、Mという4つの時期があり、24時間で1つのサイクルになっています。1つのサイクルをスケッチしました（図1-6a）。

G1期は、DNAを複製するための準備期間です。S期にDNAの

図1-6a 細胞分裂の4つの時期

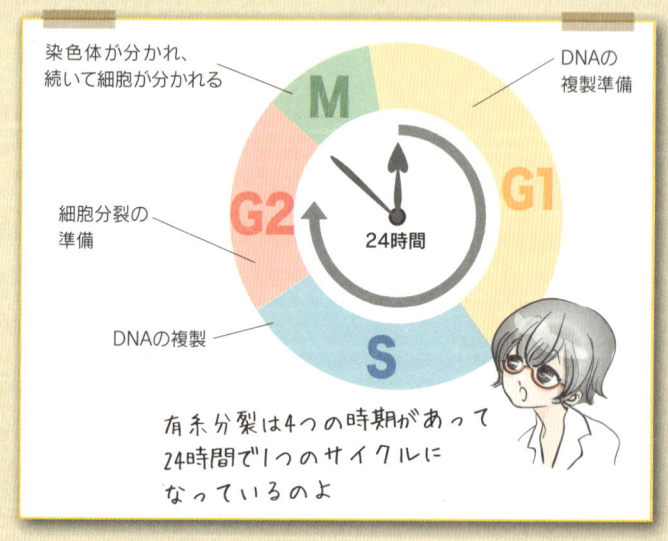

- M: 染色体が分かれ、続いて細胞が分かれる
- G1: DNAの複製準備
- S: DNAの複製
- G2: 細胞分裂の準備
- 24時間

有糸分裂は4つの時期があって24時間で1つのサイクルになっているのよ

第1章 ヒト遺伝子を遠くから眺めると

複製が起こり、46本ある染色体がコピーされ92本になります。S期のSとは、Synthesis（合成）の頭文字です。G2期は、細胞が分裂する準備をします。タンパク質、脂質、糖など細胞成分をつくります。そして最後のM期では、染色体が2つに分離し、ただちに細胞が2つに分かれます。

体細胞が分裂するプロセスを6つに分けてスケッチしました（図1-6b）。

図1-6b　体細胞が有糸分裂するプロセス

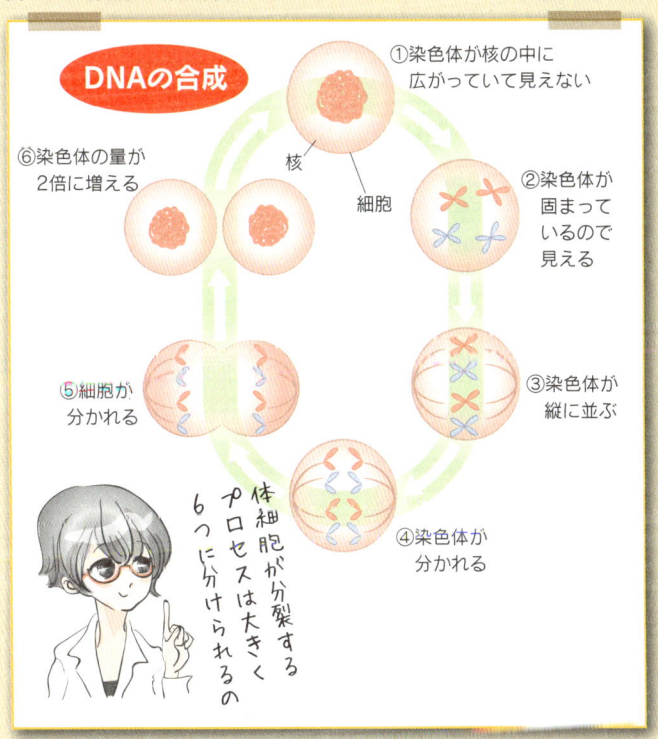

DNAの合成

①染色体が核の中に広がっていて見えない

核／細胞

⑥染色体の量が2倍に増える

②染色体が固まっているので見える

⑤細胞が分かれる

③染色体が縦に並ぶ

④染色体が分かれる

体細胞が分裂するプロセスは大きく6つに分けられるの

①46本（2倍体）の染色体がコピーされて、92本（4倍体）になります。このときには、染色体が核の中に広がっているので見ることができません。
②やがて染色体が固まって、見えるようになります。
③染色体が縦に並びます。
④縦に並んだ染色体が両方の端に引っぱられて分離します。
⑤染色体が分離したあとに、細胞が2つに分かれ始めます。
⑥親細胞から娘細胞が2つできました。

精子や卵子をつくる減数分裂

　有糸分裂に対して減数分裂という細胞分裂があります。これは精子や卵子といった生殖細胞で起こる分裂です。減数分裂という名前は、分裂にともなって細胞の数は増えるが、染色体の数が減ることに由来します。

　減数分裂の様子をスケッチしたので見てみましょう（図1-7a）。
①46本（2倍体）の染色体がコピーされ、92本（4倍体）になります。ここまでは有糸分裂と同じです。
②ここで相同染色体（遺伝子）の乗り換えが起こります。これは、減数分裂だけに起こることです。

　減数分裂では、相同染色体が近づいて重なりあったとき、互いの染色体の断片を交換することがあります（図1-7b）。電車の乗客が駅で乗り換えをするようなものです。乗り換えによって、親がもっていなかった新しい遺伝子ができるのです。このように生物は、より多くの遺伝子をつくり、多様性を増やします。そのほうが、生き延びるチャンスが増えるからです。
③染色体が並んで両方の端に引っぱられて、分離します。

第1章 ヒト遺伝子を遠くから眺めると

図1-7a　減数分裂のプロセス

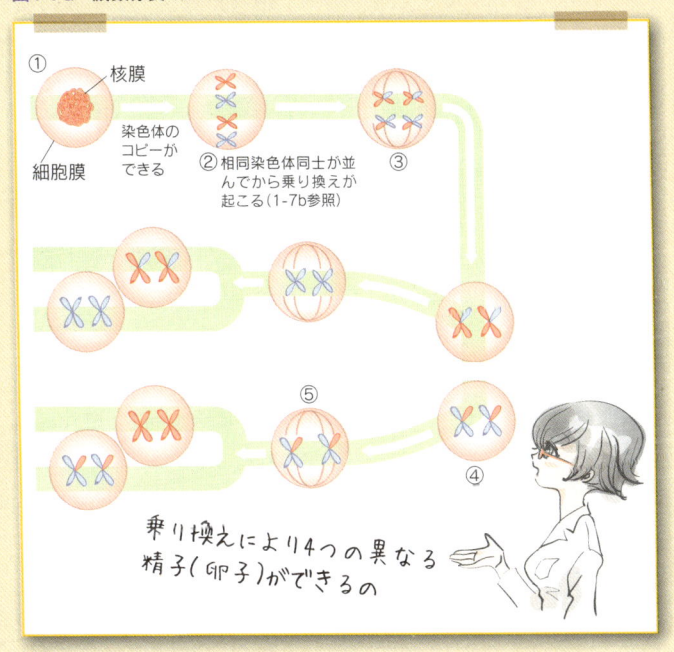

① 核膜／細胞膜／染色体のコピーができる
② 相同染色体同士が並んでから乗り換えが起こる（1-7b参照）
③
④
⑤

乗り換えにより4つの異なる精子(卵子)ができるの

図1-7b　減数分裂期における染色体の乗り換え

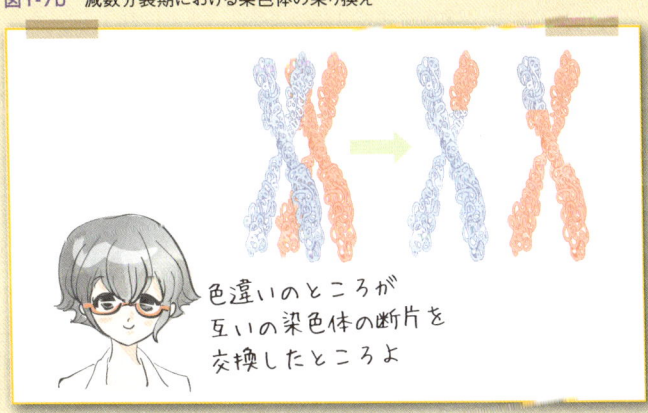

色違いのところが互いの染色体の断片を交換したところよ

④染色体の分離が起こるやいなや、細胞が分裂し、46本の染色体をもつ2つの細胞になります。
⑤2つの細胞のそれぞれが2回目の分裂を起こします。23本の染色体をもつ4つの細胞のできあがりです。

　では、体細胞は2倍体なのに、なぜ生殖細胞の染色体が1倍体なのでしょうか？

　生殖細胞はやがて受精します。その際に、父親の23本の染色体と母親の23本の染色体が合わさって46本（2倍体）になるのです。

　もし生殖細胞と体細胞が同じ数（46本）の染色体をもっていたとしたら、受精する際に染色体の数が96本になってしまいます。これでは世代が進むにしたがって、DNAの量がどんどん増えてしまい、やっかいなことになります。こうなってはいけません。生殖細胞の染色体の数を体細胞の染色体の数の半分にすることによって、この問題を解決しているのです。

8　なぜ同じ親から性格や体質の違った子どもが生まれるのか？

　男に生まれるか女に生まれるかは、受精のときの精子と卵子の組み合わせによって決まります。精子や卵子は減数分裂によって23本の染色体をもちます。このうち22本が常染色体で、1本が性染色体です。性の決定にかかわるのは、性染色体のみです。

　では、性がどのように決まるのかを見ていきましょう（図1-8a）。女親は卵子を、男親は精子をもっています。卵子の23番目の染色体はかならずXです。ところが、精子は23番目の染色体として、XかYのどちらかをもちます。すなわち、精子にはオスとメスがいるのです。

　オスはYをもち、メスはXをもちます。精子がXとYのどちら

第1章 ヒト遺伝子を遠くから眺めると

の染色体をもつかは、50：50の割合です。オスの精子（Y）と卵子（いつもX）が結合すると、XYという受精卵になり、男の赤ちゃんが生まれます。一方、メスの精子（X）と卵子（いつもX）が結合すると、XXという受精卵になり、女の赤ちゃんが生まれるのです。これで世の中に男と女がほぼ同じ数いることがわかります。

ところで、同じ親から生まれた兄弟や姉妹の顔、性格、才能がずいぶん異なっているのはなぜでしょうか？　答えは、減数分裂が起こる際の遺伝子の組み合わせを考えるとわかります。

図1-8a　性の決定

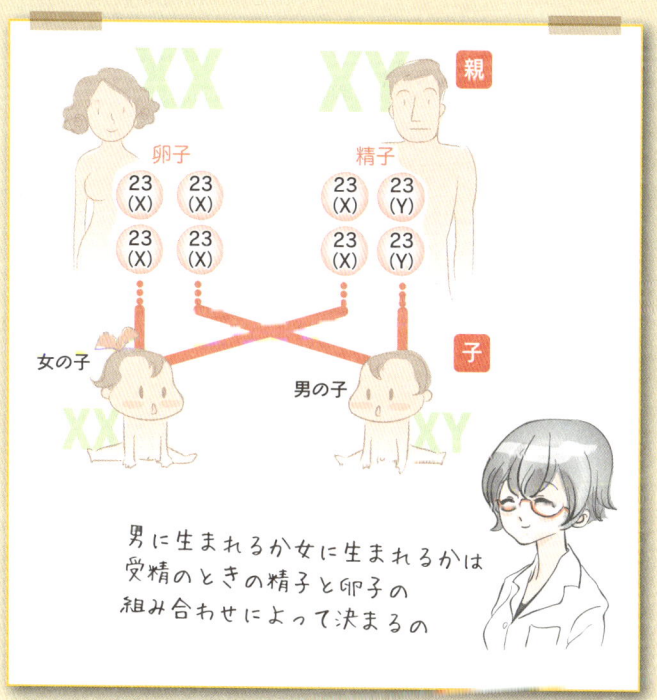

男に生まれるか女に生まれるかは受精のときの精子と卵子の組み合わせによって決まるの

33

スケッチを見てください（図1-8b）。減数分裂は、46本あった染色体が23本になるプロセスです。1番から23番までそれぞれ2本の染色体があります。減数分裂が起こる際に、たとえば1番の2本の染色体（●と●で表現）のうちどちらか1本だけを精子や卵子がもつのです。だから1番の染色体について、2通りの可能性があるのです。

同じように、2番の染色体の場合も、■か■のうち1本だけを精子や卵子がもつので、2通りの可能性があります。このようにして順々にくり返して、23番の染色体まで2通りずつの可能性があります。

したがって、1番から23番までの染色体すべてにおける可能性はどれくらいかというと、精子または卵子について$2 \times 2 \times 2 \times 2 \cdots \cdots \times 2 = 2^{23} \fallingdotseq 800$万通りになります。

実際には減数分裂の際に染色体の乗り換えも起こっていますから、800万通りをはるかに超えた組み合わせが可能です。

それでは、精子と卵子が出会って受精卵になる組み合わせはどれくらいでしょうか？

精子と同じように、卵子にも800万通りの遺伝子の組み合わせが可能ですから、少なく見積もって800万通り×800万通りという膨大なものになります。一卵性双生児をのぞいて、同じ親からさまざまなタイプの子どもが生まれるのはあたりまえなのです。

第1章 ヒト遺伝子を遠くから眺めると

図1-8b　同じ親からいろいろな子どもが生まれるわけ

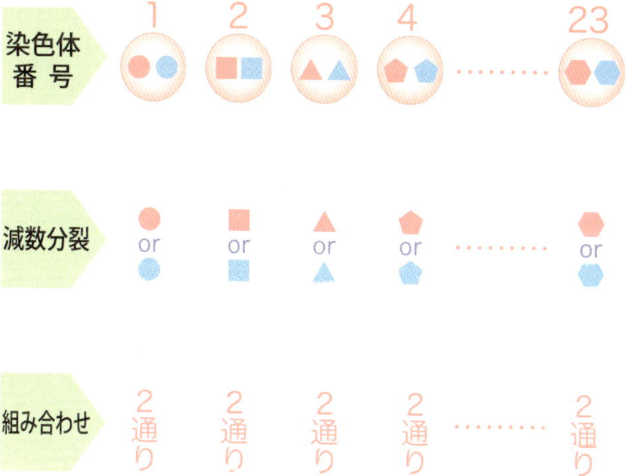

染色体番号	1	2	3	4	……	23
減数分裂	● or ●	■ or ■	▲ or ▲	⬠ or ⬠	……	⬡ or ⬡
組み合わせ	2通り	2通り	2通り	2通り	……	2通り

生殖細胞の遺伝子の組み合わせ
2^{23}＝800万通り

同じ親からさまざまなタイプの子どもが生まれるのは遺伝子の組み合わせがそれぞれ800万通り可能だからなの

長男　次男　三男　長女　次女　四男

第2章

遺伝子の本体はDNA

遺伝子の本体がDNAですが、これはどのようにしてわかったのでしょうか？ また、そもそも遺伝とはどういうことでしょうか？ ここでは、生物は自己複製すること、それには遺伝が深く関わっていることについて学びましょう。

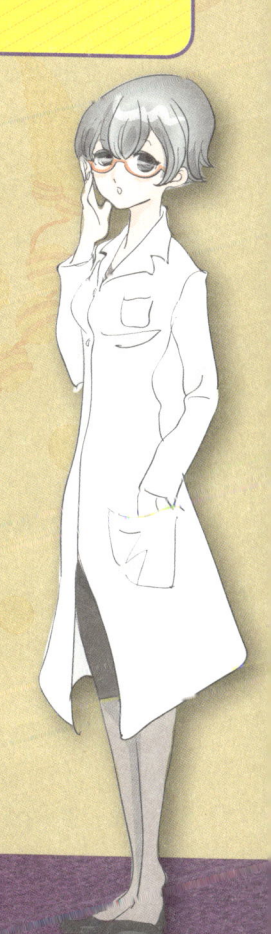

1 生物と無生物の違い

　遺伝子がDNA（本当はDNAの一部）だとわかったのは1950年ごろで、それほどむかしのことではありません。どのようにして、遺伝子の本体がDNAであることがわかったのでしょう。

　生物とはなにかという質問に「生物は複雑であり、動く」と答えた人がいるとしましょう。

　まず、「生物は複雑である」から考えてみます。複雑さというのは、生物がもつ性質の1つです。たとえどんなに小さな生物でも、その体は非常に複雑です。たとえば、もっとも単純な生物の代表である大腸菌でさえ、核酸、タンパク質、脂質という複雑な構造をした物質からできているのです。もちろん哺乳類の複雑さは、大腸菌の比ではありません。

　しかし、複雑なものがすべて生物というわけでもありません。たとえば、非常に複雑につくられた機械やコンピュータは生物ではありません。死んでしまった動物は複雑な構造をしているのですが、生物ではありません。これらの例からわかるように、ただ複雑なだけでは、生物の条件を満たしません。

　今度は「生物は動く」を考えてみます。ウシ、ウマ、クジラ、ヒトなどは動く生物なので、動物と呼ばれます。これに対して、動かない生物もたくさんいます。

　たとえば、スギやヤシの木は動きません。しかし、スギもヤシも生きています。動くというのは、動物の性質の1つで、植物は動く必要がありません。

　生物をつくる最小の単位が細胞です。細胞は、非常に組織化された分子の集まりです。生物が生きるということは、「非常に

第2章　遺伝子の本体はDNA

組織化された分子の集まり」が絶えることなく、どんどん更新されていくことです。

ここで「非常に組織化された分子の集まり」に注目しましょう。ある生物を取り囲んでいるすべてのものや出来事は、その生物にとっては環境です。この環境はかなり無秩序なものなので、生物を環境に放っておけば、いずれ生物は環境と同じだけの無秩序な状態になります。

エントロピー（無秩序さのこと）の法則を聞いたことがあるでしょう。この法則は、宇宙に存在する無秩序さがだんだん増える、

図2-1　エントロピー増大による砂糖水の希釈

← ビーカー

砂糖水
①最初の状態
砂糖が水に溶けている

← 砂糖の分子

水
②水を加える
この砂糖水に水を非常に静かに加える

③最後の状態
ビーカーをかき混ぜないで長時間放置しておく

最終的には砂糖が均一に散らばって、エントロピーが増大するの。

39

つまり生物はいずれ死ぬ、と予言しています。しかし無秩序の度合いは、かならず増えるわけではありません。無秩序の度合いが増えないようにするには、細胞にエネルギーを供給すればよいのです。

すなわち、わたしたちは食べることによって外界から取り入れたエネルギーによって、エントロピーの増大を防いでいるのです。

生命のすばらしさは、生物が無秩序な環境に囲まれているにもかかわらず「生物の体の中にある非常に組織化された構造」を子孫へと着実に伝えていくことです。この性質こそが生命の特徴といえましょう。

エントロピーが増えることによって、砂糖分子が拡散していく様子を示したのが図2-1です。

2　生物は自己複製する

生命の特徴は、細胞やその部品が複雑だというだけではなく、むしろ古い細胞と同じ中味をもった新しい細胞をつくることだと述べました。これが生物の最大の特徴で、自己複製といいます。要するに、生物の最大の特徴は、自分のコピーをつくることです。単細胞生物から動物やヒトまでまったく変わりません。

自己複製にはつぎの2種類があります。

(i) AさんならAさんという個体の中で、古い細胞から新しい細胞ができるタイプの自己複製。これが、体細胞の自己複製です（図2-2a）。

(ii) たとえAさんという個体が死んでしまっても、Aさんがもっていた性質が子孫に伝わるタイプの自己複製。これが、生殖細胞の自己複製です（図2-2b）。

第2章 遺伝子の本体はDNA

　体細胞の自己複製は、ふつうの細胞である体細胞によるものです。Aさんという1つの個体の中で、古い細胞がそのコピーである新しい細胞をつくることです。だから、Aさんという個体が死んでしまえば、古い細胞から新しい細胞への連絡がとだえてしまいます。

図2-2a　生体には体細胞と生殖細胞がある

体細胞は分裂してももとの細胞と同じだけの遺伝子をもつけど、生殖細胞は分裂すると遺伝子が半分になってしまうの

41

皮膚や爪などの体細胞は、毎日いくらかずつ死んでいきます。しかし、毎日、死んだぶんだけ新しい細胞が複製されているのです。たとえば、目、口、鼻、耳、爪、毛などの細胞がたえず新しい細胞に置き換わっています。この複製は非常に厳密で、目には目の細胞が、鼻には鼻の細胞ができるのです。

なぜ厳密に細胞が複製されるのかは明らかです。それは目に鼻の細胞ができたり、鼻に口の細胞ができたりしたのでは困るからです。

生殖細胞の複製を見ていきましょう。あらゆる個体は、いつかかならず死にます。恐竜のように絶滅した生物種も多くいますが、絶滅しないで生き残った生物種はみな個体が継続してきたのです。

たとえば、Aさんには両親がいて、その両親にも両親がいたはず、そしてそのまた両親にも。こうしてAさんの先祖をたどっていくことができます。

ある個体が死ぬ前に、その個体のもっている性質を新しい世代に伝えることを生殖といいます。生殖が成功しなければ、その生物種は絶滅します。このように生殖は、ヒトという種の存続にとって重要なことがわかります。

生殖にかかわるのは、精子や卵子だけです。体細胞はかかわりません。つまり生殖のためだけの特別な細胞が生殖細胞なのです。このように哺乳類では、体細胞と生殖細胞があり、その役割がまったく違うのです。

3　子が親に似るのは遺伝のせい？

地球上に最初の生命が誕生したのは、およそ38億年前のようで

第2章 遺伝子の本体はDNA

　体細胞の自己複製は、ふつうの細胞である体細胞によるものです。Aさんという1つの個体の中で、古い細胞がそのコピーである新しい細胞をつくることです。だから、Aさんという個体が死んでしまえば、古い細胞から新しい細胞への連絡がとだえてしまいます。

図2-2a　生体には体細胞と生殖細胞がある

体細胞は分裂してももとの細胞と同じだけの遺伝子をもつけど、生殖細胞は分裂すると遺伝子が半分になってしまうの

体細胞
↓
体細胞
↓
体細胞
生殖細胞

皮膚や爪などの体細胞は、毎日いくらかずつ死んでいきます。しかし、毎日、死んだぶんだけ新しい細胞が複製されているのです。たとえば、目、口、鼻、耳、爪、毛などの細胞がたえず新しい細胞に置き換わっています。この複製は非常に厳密で、目には目の細胞が、鼻には鼻の細胞ができるのです。

　なぜ厳密に細胞が複製されるのかは明らかです。それは目に鼻の細胞ができたり、鼻に口の細胞ができたりしたのでは困るからです。

　生殖細胞の複製を見ていきましょう。あらゆる個体は、いつかかならず死にます。恐竜のように絶滅した生物種も多くいますが、絶滅しないで生き残った生物種はみな個体が継続してきたのです。

　たとえば、Aさんには両親がいて、その両親にも両親がいたはず、そしてそのまた両親にも。こうしてAさんの先祖をたどっていくことができます。

　ある個体が死ぬ前に、その個体のもっている性質を新しい世代に伝えることを生殖といいます。生殖が成功しなければ、その生物種は絶滅します。このように生殖は、ヒトという種の存続にとって重要なことがわかります。

　生殖にかかわるのは、精子や卵子だけです。体細胞はかかわりません。つまり生殖のためだけの特別な細胞が生殖細胞なのです。このように哺乳類では、体細胞と生殖細胞があり、その役割がまったく違うのです。

3　子が親に似るのは遺伝のせい?

　地球上に最初の生命が誕生したのは、およそ38億年前のようで

第2章 遺伝子の本体はDNA

図2-2b　生殖細胞による複製

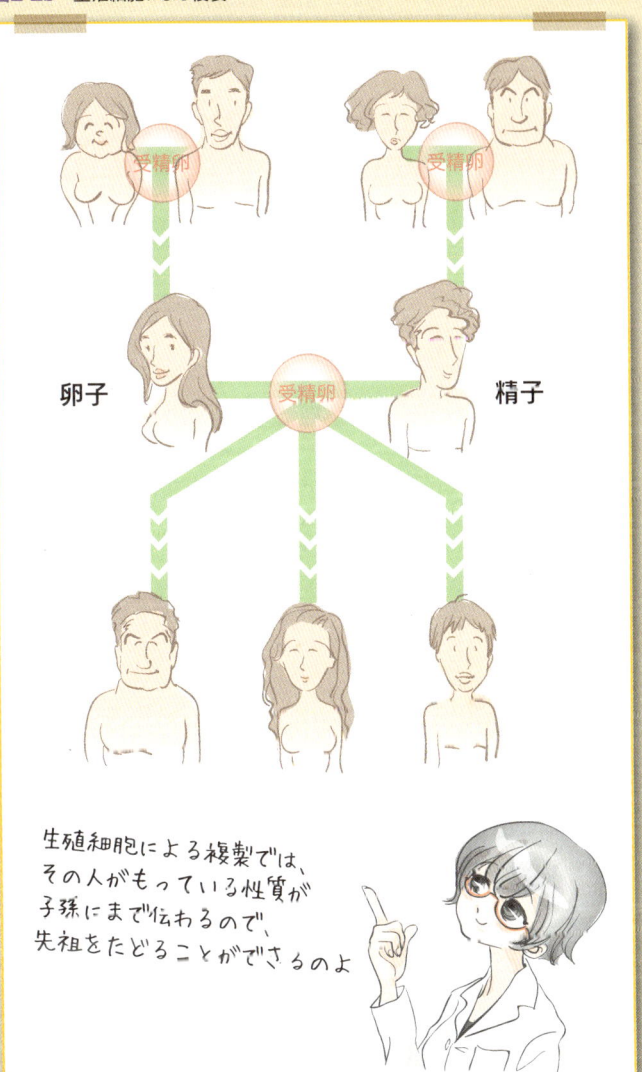

卵子　受精卵　精子

生殖細胞による複製では、
その人がもっている性質が
子孫にまで伝わるので、
先祖をたどることができるのよ

す。誕生して間もないころの生命は単純なものでした。しかし時間が経過するにしたがい、単純な生物からより複雑な生物へと進化してきました。

たとえば、ヒトはチンパンジー、ゴリラそしてオランウータンと共通の祖先をもちます。600万年くらいむかしに、ヒトはこれらの動物から分かれたとされます。

この例のように、生物は長い年月をかけてゆっくりと、しかも連続的に変化してきました。このことを**チャールズ・ダーウィン**（図2-3a）は1859年に『種の起源』という本で発表しました。

彼は、進化の原因が自然淘汰であると主張しました。自然淘汰とは、環境にうまく適応した生物だけが生き残ることができ、この生物の世代が継続するにしたがって、この変化が維持され、新種が生まれるという説です。

ダーウィンの進化論は、38億年前に地球に起こった生命の誕生から、つい最近までという非常に長い時間に起こった生物の

図2-3a　チャールズ・ダーウィン（1809〜1882年）

種の起源

変化を見事に説明します。

しかし、100年から200年というかなり短い時間では、生物はほとんど変化しません。ヒトは生まれたときからヒトです。また、クジラ、ウシ、ネズミ、イヌ、ウマは、生まれたときからクジラ、ウシ、ネズミ、イヌ、ウマです。それから人間の皮膚の色、血液型、背の高さ、手足の長さ、足の速さ、目、鼻、口、耳などの顔における配置は生物学的に決まっています。

しかし同じヒトでも、似ていたり違っていたりすることがあります。よく血筋といいますが、子は親に似る傾向があります。とりわけ体型は、よく似るようです。体型だけでなく、性格、癖、行動などを観察しても、子は親に似ています。

病気はどうでしょうか。子が親に似る程度は病気の種類によってかなり違うようですが、多くの病気はある家族に特徴的です。このように、親の特徴、性格、病気は子にしばしば遺伝します。

これらの例のように、生物学的な特徴や性格が親から子、そして孫へ伝わります。この現象を成り立たせているのが、遺伝なのです。遺伝のしくみを調べる学問を**遺伝学**といいます。また、親から子そして孫へと代々に伝わる特徴は情報なので、**遺伝情報**と呼びます。そして遺伝情報を伝える1つの単位を**遺伝子**といいます。

遺伝子は、どのようなタンパク質をどれくらいの量つくるかを指令します。このタンパク質が生物を特徴づけているのです。

家族のメンバーを眺めると、その特徴にかなりの類似性が見られます。たとえば、家族のすべてのメンバーが太っている、またはやせているなどです。

しかし、これらの類似性を遺伝によるものではなく、環境によるものだと説明することもできます。つまり肥満の原因は、遺伝

子によるものではなくて、たんに家族全員が脂肪や糖分の多い食事をしていて、そのうえ運動不足だったからかもしれません。

　子どもの行動が母親の行動に似るのは、遺伝ではなくて、子どもたちが親をまねるからかもしれません。また、わたしたちが使っている言葉は、その人が受けた教育や環境で決まり、遺伝で決まっているわけではありません。

図2-3b　遺伝、環境そして生物の特徴の関係

遺伝　　環境
↓　　　↓
生物の特徴

肉体的な特徴
　顔の形、目の色、皮膚の色、
　背の高さ、体力　etc……

精神的な特徴
　積極的、消極的、陽気、陰気、
　気が長い、気が短い etc……

ヒトの特徴を決めるのに
環境は大きく左右するけれど
遺伝もすごく重要な役割を
果たしているの

第2章 遺伝子の本体はDNA

　このように生物の特徴は、環境にも大きく左右されます。しかし環境が大事であるといっても、体格、性格、いくつかの精神的な能力は強く遺伝することも確かです。遺伝は、わたしたちの人生においてあまりにも重要なのです。

　遺伝や環境が生物としてのヒトの特徴を決めている様子を示しておきました（図2-3b）。

4　遺伝を解明したメンデル

　遺伝のしくみを解明したパイオニアは、オーストリアの修道士グレゴール・メンデルです（図2-4a）。では、彼が登場する以前、つまり1800年代の人々は遺伝をどのように考えていたのでしょうか。

　当時の人々は、父親と母親に由来する遺伝物質が溶け合って混ざり、これまでとは性質が異なる遺伝物質ができると考えてい

図2-4a　グレゴール・メンデル（1822～1884年）

メンデルの法則

47

ました。この説を遺伝の融合説といいます。

　融合説をたとえていえば、黒い絵の具と白い絵の具を混ぜると灰色ができあがるようなものです。

　この説では、代を重ねるうちにどの色も灰色になってしまいます。すなわち、父親と母親に見られた性質の違いが、代を重ねるうちになくなってしまいますし、生物に特有の変異を説明できません。だから、遺伝の融合説は誤りです。

　遺伝の融合説が支配的だったころ、メンデルが登場しました。彼は1865年に遺伝の問題に正解をだしました。メンデルは、8年がかりでエンドウ豆の形や葉の色を注意深く調べました。その実験の一部を紹介します。

　彼はエンドウを育て、その豆を「丸い豆」と「しわの豆」の2つに分類しました。そして丸い豆(親)としわの豆(親)を交配させ、子(F1)の豆をつくりました。子(F1)の豆を観察すると、どれも丸い豆ばかりでした。

　この実験結果のように、異なる性質(丸い豆としわの豆)をもつ親同士をかけ合わせたら、一方の親の性質だけが子に現れ、他方の親の性質が隠れてしまうことを優性の法則といいます。性質が子に現れるほうを優性、現れないほうを劣性といいます。このケースでは、丸いのが優性、しわが劣性です。

　つぎに、子(F1)同士をかけ合わせて、その子(F2)をつくりました。F2を観察したら、丸い豆が5474個、しわの豆が1850個でした。丸い豆としわの豆のできる比率は2.96対1なので、およそ3対1の割合でした。

　この結果を説明するのに、メンデルは1対の遺伝子という概念をつくりました。スケッチを見てください(図2-4b)。優性(丸い豆)な遺伝子をA、劣性な遺伝子をaとします。すると、純粋な丸い

第2章　遺伝子の本体はDNA

豆はAA、そして純粋なしわの豆はaaになります。受精の際にエンドウ豆の遺伝子が分離して、A、Aそしてa、aになります。

遺伝子の組み合わせを考えてみると、AAとaaの遺伝子をもつ

図2-4b　メンデルの実験の結果と説明

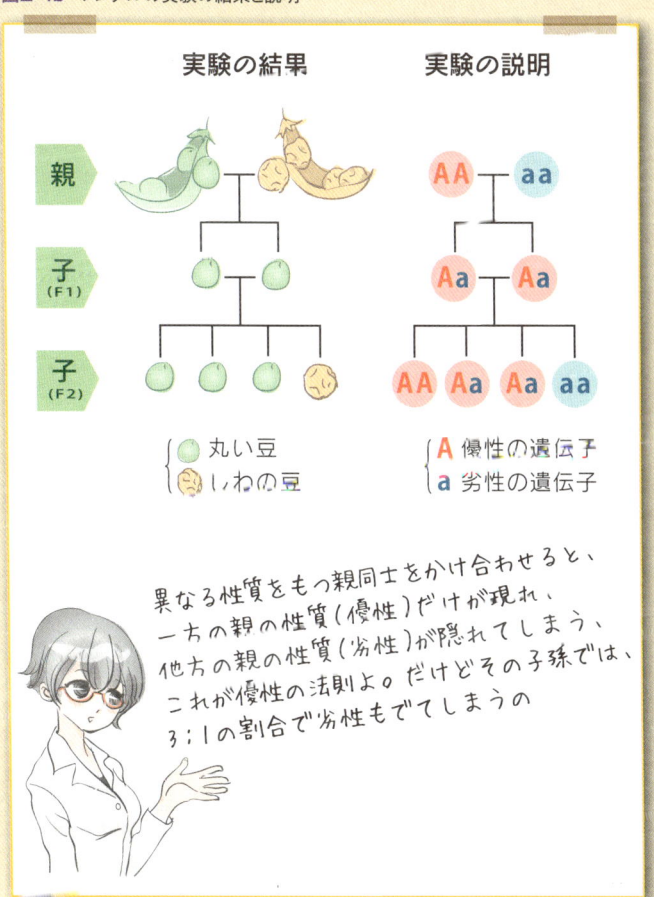

異なる性質をもつ親同士をかけ合わせると、一方の親の性質(優性)だけが現れ、他方の親の性質(劣性)が隠れてしまう、これが優性の法則よ。だけどその子孫では、3:1の割合で劣性もでてしまうの

た親から生まれる子 (F1) はAaしかありません。だから、F1は全部丸い豆になります。

つぎにF1の子F2では、AA、Aa、Aa、aaの組み合わせになり、Aが優性だから、丸い豆が3つ、しわの豆が1つできます。1対の遺伝子という概念をつくることによって、メンデルは実験の結果を見事に説明しました。

5 遺伝を担うのは化学物質

生物にとって遺伝が重要なことがわかりました。それでは、なにが遺伝を担っているのでしょうか。この問いに答えるのに大きく貢献したのが、イギリスの生物学者フレデリック・グリフィスです。彼が肺炎双球菌とネズミを用いて1928年に行った重要な実験を紹介します。

肺炎双球菌は肺炎を引き起こすバクテリア（細菌）で、細長い形の多糖類（糖がたくさんつながったもの）でできたカプセルに包まれています。このカプセルは、肺炎双球菌の外壁として機能するだけでなく、病原性を示すのに必要です。一方、たとえ肺炎双球菌でもカプセルのない菌は変異株といい、病原性はありません。

2つの肺炎双球菌のうち、病原性のあるものをS型と呼びます。S型のSとは、Smooth（培養するとなめらかなコロニーができる）という意味です。一方、病原性がない変異株をR型（Rough、培養すると粗いコロニーができる）といい、カプセルとなる多糖類をつくりません。

彼は、S型とR型の2種類の肺炎双球菌を用意し、ネズミに注射して、その様子を観察しました（図2-5）。

実験1では、S型肺炎双球菌（有毒）をネズミに注射すると、ネ

第2章 遺伝子の本体はDNA

図2-5 形質転換を証明したグリフィスの実験

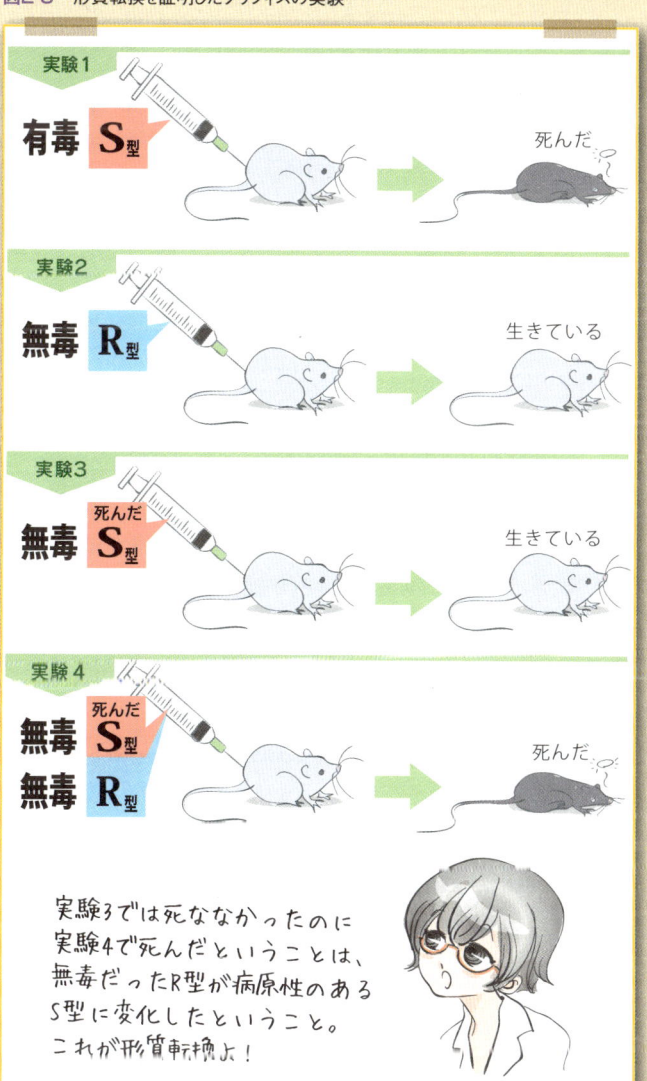

実験1 有毒 S型 → 死んだ

実験2 無毒 R型 → 生きている

実験3 無毒 死んだS型 → 生きている

実験4 無毒 死んだS型 + 無毒 R型 → 死んだ

実験3では死ななかったのに実験4で死んだということは、無毒だったR型が病原性のあるS型に変化したということ。これが形質転換よ！

ズミは肺炎にかかって死にました。

　実験2では、R型肺炎双球菌(無毒)をネズミに注射すると、ネズミは死にませんでした。

　実験3では、死んだS型肺炎双球菌をネズミに注射したら、ネズミは死にませんでした。

　実験1、2、3を**コントロール実験**と呼びます。これらの実験から得られる結果は当然であり、もしこのような結果が得られなければ、実験システムに問題があるということで、それ以後の実験が成り立ちません。

　実験4では、R型肺炎双球菌(無毒)と死んだS型肺炎双球菌(無毒)の両方をネズミに注射しました。すると、ネズミは肺炎にかかって死んだのです。R型に病原性がないことは実験2で、そして、死んだS型にも病原性がないことは実験3で確認ずみです。それにもかかわらず、病原性がない2つ(R型と死んだS型)を混ぜて注射すると、ネズミが肺炎にかかって死んだのです。

　いったいどうしたことでしょう。そこでグリフィスは、死んだネズミの血液を調べました。すると驚いたことに、生きているS型肺炎双球菌がネズミの血液の中から発見されたのです。この実験によって、病原性のないR型肺炎双球菌が病原性のある(S型)に変化することがわかりました。この変化を**形質転換**といいます。

　確認のために、彼はもう1つの実験をしました。熱をかけて殺したS型から採取した液体をR型に加えたのです。すると、病原性のあるS型肺炎双球菌ができました。

　これら一連の実験から、肺炎双球菌が形質転換することが証明されました。それなら形質転換を担っている化学物質があるはずです。これを**形質転換物質**と名づけました。形質転換物質とは、いまでいう**遺伝子**です。

第2章 遺伝子の本体はDNA

6 遺伝子はDNAか、それともタンパク質か?

　親の姿、形、性格などが子に遺伝することは、むかしから経験的にわかっていました。1928年、グリフィスは、遺伝が化学物質(遺伝子)で決まることを証明しました。しかし、遺伝子がなにかまでは突き止められませんでした。もちろん遺伝子は多くの科学者の興味をひき、その候補についていくつもの物質が提案され、議論され、その結果、有力候補はDNAとタンパク質の2つに絞られました。

　DNAが発見されたのはかなり古く、1869年。1928年のグリフィスによる遺伝子の確認より60年も前のこと。この年に、スイスの化学者フリードリッヒ・ミーシェル(図2-6a)は、膿とサケの精子の核の中から酸性を示す物質を分離しました。これが核酸DNAです。核の中から取れた酸性物質だから、核酸と呼んだのです。

図2-6a　フリードリッヒ・ミーシェル(1844〜1895年)

核酸を発見

そして1900年ごろから、DNAが遺伝子だろう、いやタンパク質こそ遺伝子だ、などと科学者たちは議論を戦わせてきました。当時の科学者は、DNAとタンパク質についてどんなことを知っていたのでしょうか。

　DNAは、あるユニットのくり返しによってできている非常に大きな分子です。あるユニットとは、糖(デオキシリボース)、塩基、リン酸という3つの部品です。糖とリン酸はどのユニットでも同じ。したがって、それぞれのユニットの違いは塩基だけということになります。しかしDNAに含まれる塩基は、つぎの4種類だけです。

　アデニン　(Adenine：A)
　グアニン　(Guanine：G)
　シトシン　(Cytosine：C)
　チミン　　(Thymine：T)

　DNAは遺伝子の候補として有望視されていましたが、わずか4種類の塩基しかないことが問題となりました。一方の生命体が非常に多様で複雑であることもわかっていたので、わずか4種類の塩基しかもたないDNAでは、遺伝情報を担う大任をはたせない、したがってDNAは遺伝子ではないと考えられていました。

　それに対してタンパク質は、DNAに比べるかに複雑で大きな分子です。アミノ酸が1つのユニットとして数百も並び、タンパク質ができています。タンパク質の構成要素であるアミノ酸は、20種類もあります。だから多様性だけを考えると、タンパク質が有利です。

　たとえば、アミノ酸が2つつながれば、20×20＝400通り、3つでは20×20×20＝8,000通りの組み合わせが可能になります。しかもタンパク質は、小さいものでもアミノ酸が100個くらいつな

第2章 遺伝子の本体はDNA

がっているので、生物の多様性を説明しやすいと考えられました。このため、遺伝子はタンパク質だろうと考えられていたのです（図2-6b）。

ところが1944年から1952年にかけて、この考えは急速に支持を失っていきました。それは遺伝子がDNAであることを証明する決定的な証拠が見つかったからです。つぎの項で、これらの証拠をもたらした重要な実験を紹介していきます。

図2-6b 遺伝子はタンパク質か? DNAか?

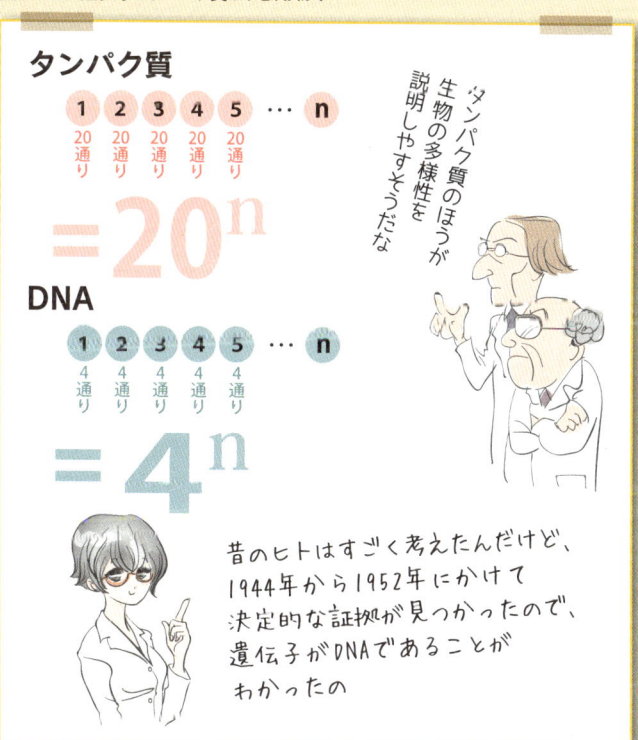

タンパク質

1 2 3 4 5 … n
20通り 20通り 20通り 20通り 20通り

$= 20^n$

DNA

1 2 3 4 5 … n
4通り 4通り 4通り 4通り 4通り

$= 4^n$

タンパク質のほうが生物の多様性を説明しやすそうだな

昔のヒトはすごく考えたんだけど、1944年から1952年にかけて決定的な証拠が見つかったので、遺伝子がDNAであることがわかったの

遺伝子がDNAであることを最初に証明したアベリーの実験

1928年、グリフィスは、細胞に形質転換を起こさせるのは化学物質であることを発表しました。形質転換物質とは、どのような物質なのでしょうか？

答えは、それから16年後の1944年、ロックフェラー研究所のオズワルド・アベリー、コリン・マクラウド、マックリン・マッカーティの3人の科学者がだしました。

3人は「DNAが肺炎双球菌の形質転換の原因である」という画期的な論文を発表しました。この論文の基礎になっているのが、グリフィス実験の追試①、②、③です。イラストを見ながら追っていきましょう（図2-7）。

①病原性の肺炎双球菌（S型）に熱をかけて殺すと、菌の細胞が破壊され、遺伝物質が放出されました。

②①に非病原性の肺炎双球菌（R型）を混ぜたら、病原性のS型の遺伝子がR型の細胞の中に入り、さらにR型の遺伝子の中に入りました。このように、遺伝子と遺伝子が混ざり合うことを遺伝子の組み換えといいます。

③組み換えが起こってできた肺炎双球菌をネズミに注射したところ、病原性を示しました。ここまでがグリフィス実験の追試です。

アベリーらは、R型からS型への変換を起こす遺伝子の性質を調べました。結果はこうです。

(a) 遺伝子にどれくらいの酸素、窒素、炭素が含まれているかを示した値（これを元素分析という）は、DNAの化学組成から計算した値とよく一致しました。

(b) 遺伝子は光を吸収しました。この光の波長は260ナノメート

第2章 遺伝子の本体はDNA

図2-7　遺伝子がDNAであることを証明した最初の実験

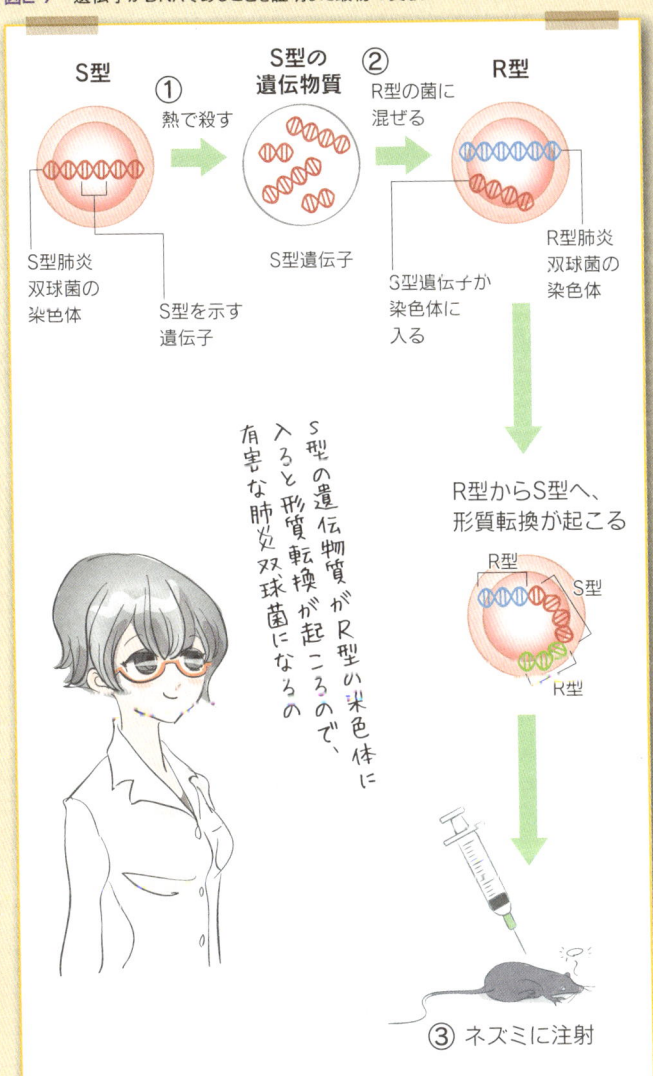

S型 → ① 熱で殺す → S型の遺伝物質 → ② R型の菌に混ぜる → R型

- S型肺炎双球菌の染色体
- S型を示す遺伝子
- S型遺伝子
- S型遺伝子が染色体に入る
- R型肺炎双球菌の染色体

↓

R型からS型へ、形質転換が起こる

R型　S型　R型

↓

③ ネズミに注射

S型の遺伝物質がR型の染色体に入ると形質転換が起こるので、有害な肺炎双球菌になるの

ル付近で、紫外線と呼ばれるものです。DNAも260ナノメートル付近の光を吸収します。

(c) 肺炎双球菌からタンパク質や脂質を取り除いて同じ実験をくり返しました。しかし、肺炎双球菌の形質転換する能力には変化がありませんでした。

(d) トリプシンやキモトリプシンといったタンパク質を分解する酵素を菌に加えても、形質転換する能力に変化はありませんでした。このことから、遺伝子はタンパク質ではないことがわかります。

(e) RNAだけを分解する酵素を加えて同じ実験をくり返しましたが、形質転換する能力に変化がありませんでした。遺伝子はRNAではないことがわかります。

(f) ところが、肺炎双球菌にDNAを分解する酵素を加えると、形質転換する能力が完全に失われたのです。

(a)から(f)までの実験から、遺伝子はDNAであるという結論が得られます。

この研究は、生命科学の歴史において画期的なものとなりました。なぜならば、この成果が発表されるまでは、染色体にあるタンパク質が遺伝情報を担っており、DNAは補助的な役割をもつにすぎない、と考えられていたからです。

8 遺伝子がDNAであることを決定づけたハーシーとチェイスの実験

そして1952年、ニューヨークにあるコールドスプリングハーバー研究所のアルフレッド・ハーシーとマーサ・チェイスは、ついにDNAが遺伝子であることを証明する決定的な実験結果を発表しました。スケッチを見ながら追っていきましょう（図2-8）。

①細菌に感染するウイルスがバクテリオファージです。バクテリオ

第2章 遺伝子の本体はDNA

図2-8 ハーシーとチェイスの実験

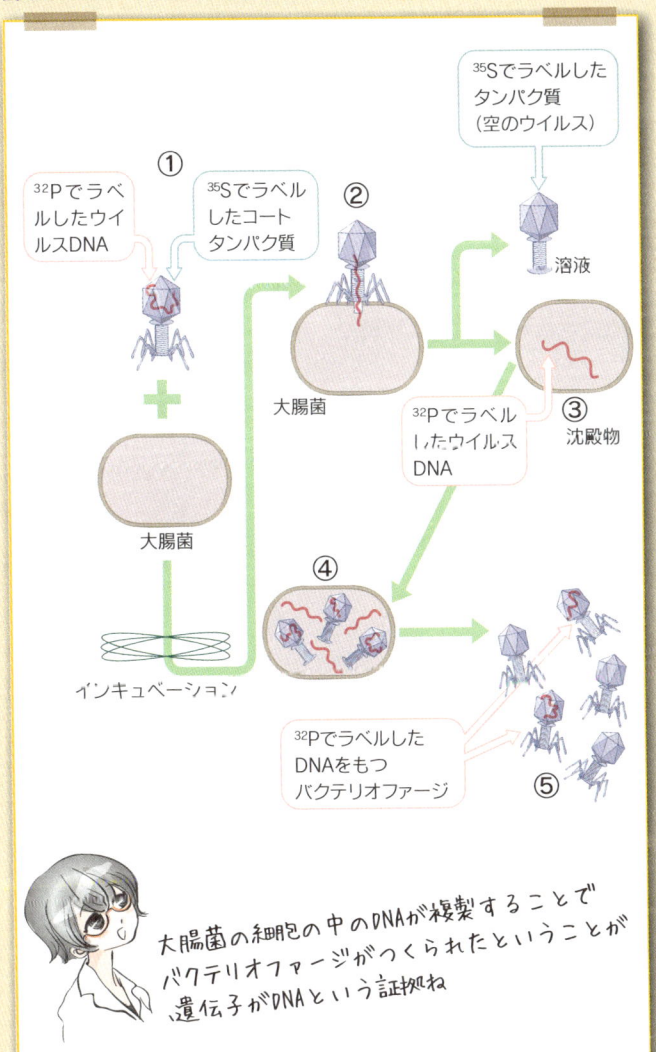

大腸菌の細胞の中のDNAが複製することでバクテリオファージがつくられたということが遺伝子がDNAという証拠ね

ファージはDNAをタンパク質でできた殻(コート)で包んだ簡単なつくりになっています。まず、タンパク質に含まれるメチオニンやシステインのイオウを^{35}Sのラジオアイソトープ(放射性元素)でラベル(標識)しました。また、DNAのリンは、^{32}Pのラジオアイソトープでラベルしました。

②バクテリオファージを大腸菌と混ぜてインキュベーション(一定の温度に保つこと)すると、バクテリオファージが大腸菌に感染しました。そのあとに、遠心分離機で沈殿物と溶液の2層に分けました。沈殿したのは大腸菌で、溶液にあるのはタンパク質です。つぎに、^{32}Pと^{35}Sのラジオアイソトープで、DNAとタンパク質がどこにあるかを追跡しました。すると^{32}P(DNA)は沈殿物である大腸菌の中に、そして^{35}S(タンパク質)は溶液の中に含まれていました。

③これが、タンパク質を除いたあとの大腸菌の様子です。菌の中にウイルス由来のDNAが1つ見えます。しかし、ウイルス自体はまったく見つかりません。

④大腸菌にふたたび栄養液を加えてインキュベートしたら、ウイルス性のDNAが複製し、新しいバクテリオファージができました。

⑤新しくできたバクテリオファージは、大腸菌の細胞膜を破り外にでました。バクテリオファージのDNAに^{32}Pが見つかりましたが、^{35}Sはまったく見つかりませんでした。このことから、大腸菌の細胞の中のDNAが複製することで、バクテリオファージがつくられたことがわかります。

グリフィス、アベリーたちの実験、そしてハーシーとチェイスの実験を通して、遺伝は遺伝子によって担われていること、そして遺伝子はDNAであることが明らかになったのです。

⑨ DNAの基礎知識

　DNAは、塩基、糖、リン酸という3つの部品からできています。この3つの部品が1ユニットとして何度もくり返されるのがDNAです。糖とリン酸はどのユニットにも同じものがついているから、遺伝情報は塩基が担っています。

　DNAを構成する塩基は、アデニン（Adenine、A）、グアニン（Guanine、G）、チミン（Thymine、T）、シトシン（Cytosine、C）の4種類で、これら塩基の構造をスケッチしました（図2-9a）。アデニンとグアニンのことを**プリン塩基**といい、シトシンとチミンを

図2-9a　DNAを構成する4つの塩基

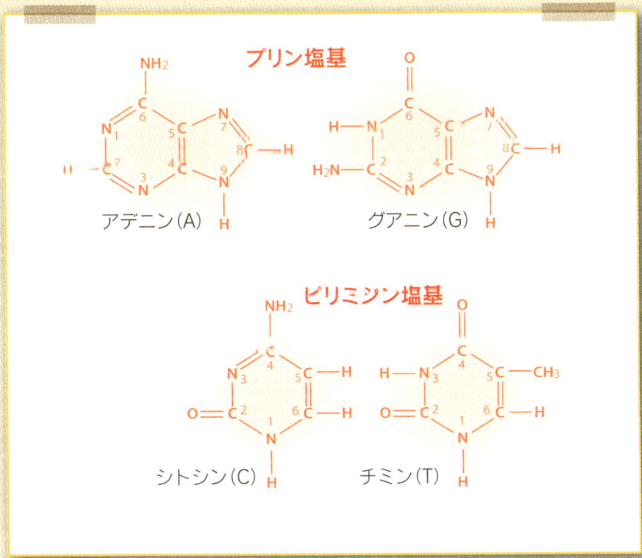

プリン塩基

アデニン（A）　　　　グアニン（G）

ピリミジン塩基

シトシン（C）　　　　チミン（T）

ピリミジン塩基といいます。プリン塩基は6角形と5角形2つのリングからできており、ピリミジン塩基は6角形1つからできています。だから、プリン塩基はピリミジン塩基よりもやや大きいのです。

　図2-9bに示したのが、ヌクレオシドと呼ばれるユニットで、塩基（ここではアデニンを例にしている）に糖がついたものです。正式には、デオキシアデノシンといいますが、長すぎるのでdAと略されます。dAと同じように、dG（デオキシグアノシン）、dC（デオキシシトシン）、dT（デオキシチミン）と表記します。

図2-9b　ヌクレオシド

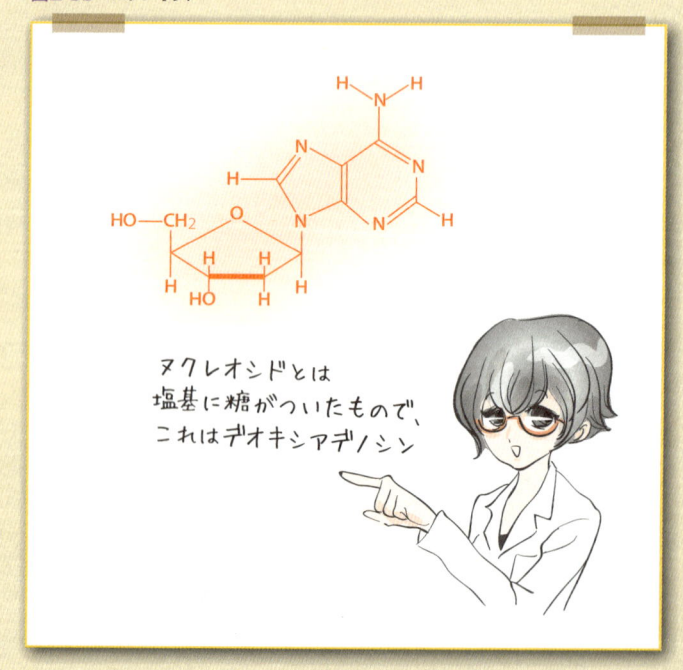

ヌクレオシドとは
塩基に糖がついたもので、
これはデオキシアデノシン

第2章 遺伝子の本体はDNA

　一本鎖のDNAをスケッチしました（図2-9c）。これは、ヌクレオシド（塩基＋糖）とヌクレオシド（塩基＋糖）がリン酸を橋にしてつながったものです。

図2-9c　一本鎖DNAの表し方

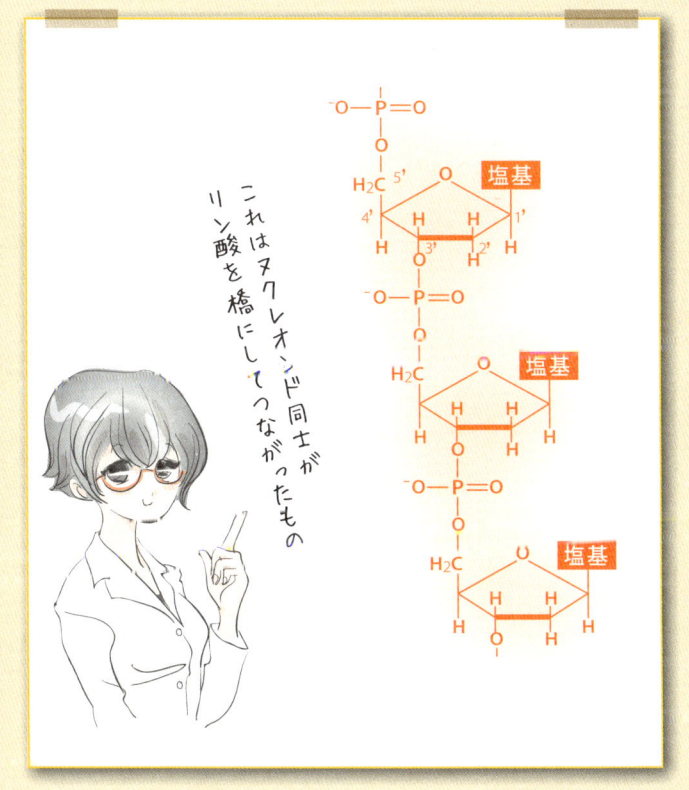

これはヌクレオシド同士がリン酸を橋にしてつながったもの

63

第3章

DNAの姿と働き

DNAが遺伝子であることが確定したあと、その姿や働きについて多くの科学者が実験を行い、明らかにしてきました。これらの実験が解き明かしたDNAの特徴を紹介していきます。

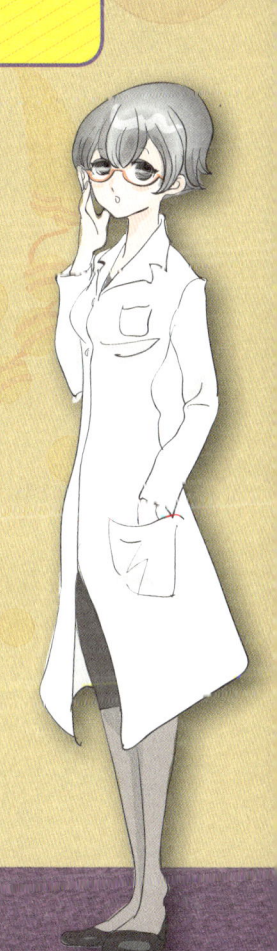

1 シャルガフによるDNAの化学分析

1944年から1952年にかけて、DNAが遺伝子であることが確定しました。では、DNAはどんな姿をしているのでしょうか？

当時、DNAにはどの塩基も同じだけ含まれると考えられていました。これが誤りであることがわかったのは、1949年から1953

図3-1a シャルガフによるDNAの塩基組成を決める実験

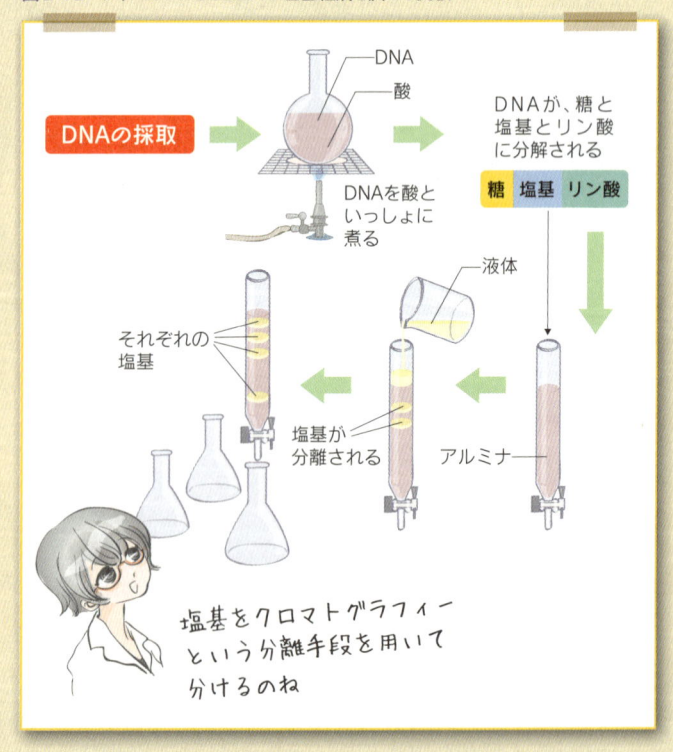

第3章　DNAの姿と働き

年にかけて、コロンビア大学の**エルビン・シャルガフ**がDNAに含まれる塩基の量を厳密に測定してからのことです。

それでは、シャルガフのDNA分析の手順と、その結果を見ていきましょう（図3-1a）。

(1) まず、彼は、動物、植物、バクテリア、ウイルスなどたくさんの種からDNAを採取しました。

(2) これらのDNAに水を加えて煮て分解しました。DNAを分解して得られた物質は、糖、リン酸、塩基でした。

(3) 塩基A、G、C、Tをそれぞれ分離して、塩基の量を測定しました。

それぞれの種のDNAの塩基組成をまとめました（図3-1b）。この図からつぎのことがわかります。

(a) 塩基の組成は種によって異なること。

(b) チミン（T）の量とアデニン（A）の量は等しいこと。また、グアニン（G）の量とシトシン（C）の量は等しいこと。これを**シャルガフの経験則**といいます。

図3-1b　それぞれの種のDNAに含まれている塩基の量

	塩基の量（モル、%）				塩基の比		
	A	G	C	T	A/T	G/C	Pu/Py
ヒト	30.9	19.9	19.8	29.4	1.05	1.00	1.04
ニワトリ	28.8	20.5	21.5	29.2	1.02	0.95	0.94
カメ	29.7	22.0	21.3	27.9	1.05	1.03	1.00
酵母	31.3	18.7	17.1	32.9	0.95	1.09	1.00
大腸菌	24.7	26.0	25.7	23.6	1.04	1.01	1.03
ラムダ・ファージ	21.3	28.6	27.2	22.9	0.92	1.05	1.00

※モルとは分子を数えるときの単位

この実験結果は、AとTが対をつくり、CとGが対をつくることを示していますが、残念ながら彼は、これに気づきませんでした。

このころ伝説の科学者といわれるライナス・ポーリング（カルテック：カリフォルニア工科大学）は、ロバート・コーリーといっしょにケラチンの構造を研究していました。ケラチンは、毛、爪などの表皮をつくっている繊維状のタンパク質です。

ポーリングとコーリーは、ケラチンの構造をX線と分子モデルを使って研究しました。複雑な分子の構造を決める際にもっとも強力な武器が、X線回折です。そして1950年、ポーリングはケラチンが右巻きのα-ヘリックス構造をとっているというモデルを提出したのです。さらに彼は、DNAの立体構造の解明に狙いを定めました。

1951年、アメリカからイギリスのケンブリッジに渡ったジェームズ・ワトソンは、当時、DNAの立体構造を決めることが科学

図3-1c　ジェームズ・ワトソン（1928年～）とフランシス・クリック（1916～2004年）

に置ける最重要課題であることに気づき、物理学者のフランシス・クリックと組んでDNAの構造を決めることを決意しました（図3-1c）。

このように1951年ごろから、まだ見ぬDNAの立体構造に世界の超一流科学者たちが注目しだしたのです。

2　ワトソン・クリックのDNAモデル

シャルガフはDNAの化学分析をしたのですが、ここから研究を進めることができませんでした。そして彼は、1952年、ケンブリッジでクリックとワトソンに会い、チミン（T）の量とアデニン（A）の量は等しいこと、グアニン（G）の量とシトシン（C）の量は等しいことを伝えました。

それからワトソンは、別の研究室で働いていた女性科学者ロザリン・フランクリンが撮影したDNA繊維のX線写真をこっそり見たのです。このX線写真から、つぎの2つのことが明らかになりました。

(1) DNAはらせん構造になっていて、10個のユニットでらせんが1回転すること。

(2) それぞれのらせん構造には2つのDNAがあること。

これら2つの事実と、シャルガフから教えてもらったAとTの量が等しく、CとGの量が等しいこと、DNAの平面構造だけが、ワトソンとクリックに与えられた確かな情報でした。DNAの立体構造を組み立てるには、あまりに情報が少ないように感じます。

ところが天才は、するどい直観が働きます。この直観によって、彼らはDNAの立体構造のモデルをつくりあげてしまいました。

そして1953年、雑誌『ネイチャー』にDNAの立体構造のモデル

を発表したのです。このモデルの特徴を説明しましょう(図3-2a)。
(1) DNAは、2本のらせん状の鎖が互いに反対方向から、からまりあってできています。
(2) プリン塩基とピリミジン塩基はDNAの内側に、そしてリン酸と糖はDNAの外側にあります。
(3) DNAは直径2ナノメートルの非常に長い糸と考えることができます。隣同士の塩基は0.34ナノメートル離れています。ちなみに1ナノメートルとは100万分の1ミリのことです。
(4) 2本の鎖がつながっているのは、それぞれの鎖についている塩基が対をつくっているからです。塩基が対をつくるのは、水素結合(次項参照)によります。どのような塩基でも対をつくるわけで

図3-2a　ワトソンとクリックが提出したDNAの二重らせんモデル

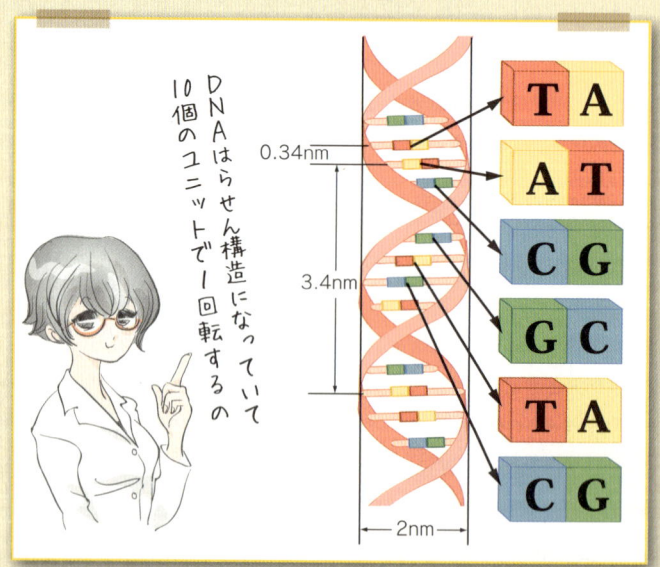

はなくて、対をつくるには特定の組み合わせがあります。その組み合わせは、アデニンはかならずチミンと、そしてグアニンはかならずシトシンと対をなしています。

(5) DNA鎖につながっている塩基は、どのような配列でもよく、このように塩基配列を自由に選ぶことによって、膨大な遺伝情報を正確に伝えることができます。

　DNAの立体構造におけるポイントは、(4)にあげたアデニンがチミンと対をつくり、グアニンがシトシンと対をつくることです。これらの塩基対を図3-2bに示しました。アデニンが2つの水素結合でチミンと塩基対をつくるので、A＝Tと表記します。また、グアニンは3つの水素結合でシトシンと塩基対をつくるので、G≡Cと表記します。

　つまりワトソン・クリックのDNA立体構造こそが、遺伝の本質なのです。DNAの形が、単純でなおかつ美しいことに注目しましょう。

図3-2b　ワトソン・クリックの塩基対

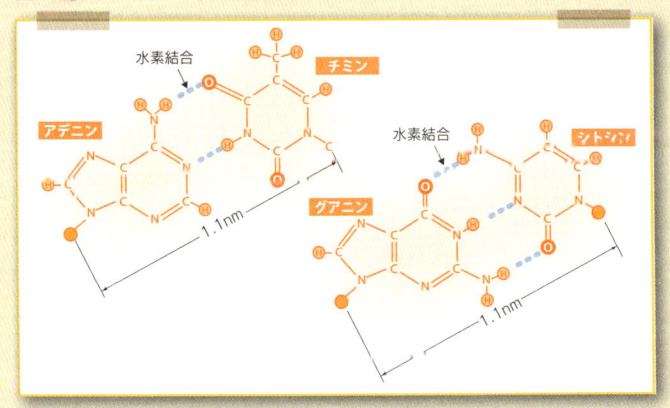

3 生体分子の形を保つ主役は弱い結合：水素結合

　前項では、DNAの立体構造について説明しました。では、DNAの立体構造はどのような力で維持されているのでしょう。

　DNAという巨大な分子にはたくさんの原子があり、これらの原子は共有結合と呼ばれる非常に強い結合によってつながれています。しかし共有結合だけでは、分子の立体構造は維持できません。共有結合よりはるかに弱い結合も必要なのです。その弱い結合を非共有結合といいます。いくつかの非共有結合があるのですが、もっとも重要なのが水素結合です。

　水素結合を説明します（図3-3）。窒素に水素が共有結合でつながれています。共有結合とは、互いの原子が電子を1個ずつだしあって1つの結合をつくるものです。共有結合の特徴である電子の共有を強調するために①を書きあらためたのが②です。窒素と水素が電子を1個ずつだしあって、1つの結合をつくっているのがわかります。

　しかし②では、N-Hという結合をあまり正しく表現していません。なぜなら、窒素と水素では電子を自分のほうへ引きつける力（電気陰性度）が異なるにもかかわらず、②では、あたかも電子が窒素と水素の中間に位置しているかのごとく描かれているからです。それでは、N-H結合をどのように描けば、より実際の結合に近いのでしょうか？

　窒素は、水素よりも電子を自分のほうに引き寄せる性質があります。このため、窒素は水素よりも電気的にマイナスにチャージ（荷電）しているのです。この反対に水素は、電子が不足するため、いくらかプラスにチャージします。

第3章　DNAの姿と働き

　もちろんプラスとかマイナスという言い方は、原子の電子不足の状態と過剰の状態を表現するために、わざと強調した表現です。

　電子不足の水素のそばに、電子をたくさんもった原子が近づいてきたとします。ここではカルボニル基（O＝C＜）を例にします。

　電子をたくさんもっているカルボニル基の酸素は電子不足の水素を見つけると、電子を与えたくなります。こうして酸素は即座に水素に電子を与えます。この状態は、水素と酸素が新たな結合をつくったかのように見えます。

図3-3　水素結合の例

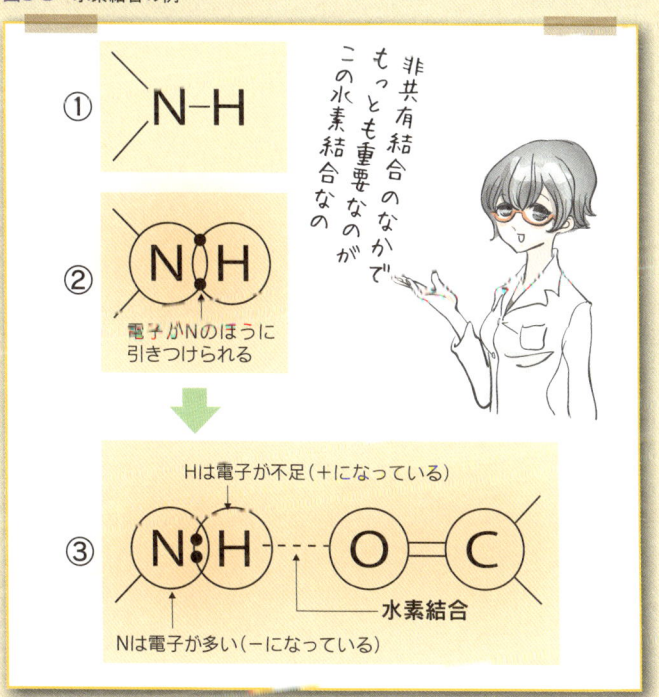

① N-H

② N H
電子がNのほうに引きつけられる

③ N:H----O=C
Hは電子が不足（＋になっている）
Nは電子が多い（−になっている）
水素結合

非共有結合のなかでもっとも重要なのがこの水素結合なの

このように「あたかも結合したかのように見える結合」のことを水素結合といいます。別の表現をすると、本来は1つの原子にだけ結合する水素が、あたかも2つの原子に結合しているように振る舞うのが水素結合なのです。

アデニンがチミンと、そしてグアニンがシトシンと塩基対をつくる原動力になっているのが水素結合です。水素結合の重要性がおわかりいただけるでしょう。生体を構成する巨大分子は、水素結合に代表される弱い結合によって、その形を維持しているのです。

4 DNAの立体構造の生物学的な意味

ワトソンとクリックが提出したDNAモデルによって、つぎの2つの事柄が説明できるようになりました。

1番目は「アデニンとチミン、グアニンとシトシンの量が等しい」というシャルガフの経験則。これをアデニンがチミンと（A＝T）、グアニンがシトシンと（G≡C）塩基対をつくることから説明できます。2番目は生物の複製です。

このわけを説明します（図3-4a）。A＝TとG≡Cの塩基対は、水素結合を形成することによって安定な形を保っています。すなわち、塩基対の形成によってDNAのらせんができるのです。

たとえば、一方のDNA鎖がAGCTGの順に並んでいたとすれば、もう一方のDNA鎖はかならずTCGACになります。この場合、DNA鎖が互いに相補的であるといいます。

水素結合は共有結合に比べてはるかに弱いため、容易に切れたりつながったりします。いま、塩基対をつくっている水素結合が切断され、2本のDNA鎖の一部分が分離して一本鎖になったとします。

第3章 DNAの姿と働き

　そして、それぞれの一本鎖DNAの塩基配列にしたがって、相補的な新しいDNAができるとすれば、もとのDNAとまったく同じ塩基配列をもったもう1組の二本鎖DNAができると予測できます。つまり、DNAのコピーができるのです。DNAのコピーができることを**DNAの複製**といいます。この複製というプロセスこそが、遺伝子がもっていなくてはならない特質なのです。

　ワトソンとクリックのDNAモデルによって、親のDNAから複製される子の二本鎖DNAのうち1本は、親のDNAであることが予測されます。このように、親の二本鎖DNAの1本だけが子の二本鎖DNAの1本に伝えられることを**半保存的複製**といいます。ワトソンとクリックのDNAモデルから、DNAの複製は半保存的

図3-4a　DNA複製の模式図

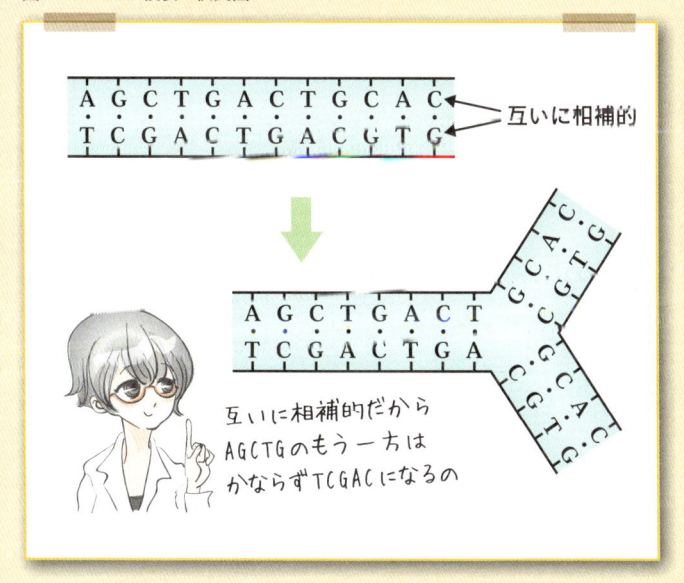

A	G	C	T	G	A	C	T	G	C	A	C
T	C	G	A	C	T	G	A	C	G	T	G

互いに相補的

↓

AGCTGACT — C･A･C･
TCGACTGA — G･T･G･
　　　　　　　　　　G･C･A･
　　　　　　　　　　C･G･T･

互いに相補的だから
AGCTGのもう一方は
かならずTCGACになるの

であることが予測されます。

　半保存的複製に対して、保存的複製というモデルもあります。保存的複製とは、親のDNAが一本鎖に分離しないで複製されることです。つまり子のDNAが親のDNAからなる二本鎖と、新たに合成された二本鎖からできるというモデルです。

　半保存的と保存的複製のモデルをまとめました（図3-4b）。現在では、DNAの保存的複製モデルは否定されています。

図3-4b　DNAの保存的複製と半保存的複製

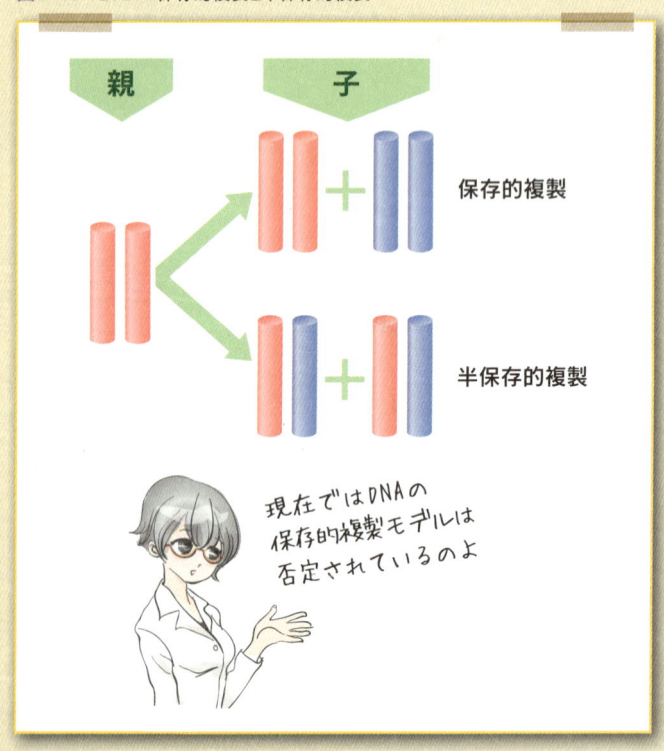

現在ではDNAの保存的複製モデルは否定されているのよ

5　DNAの複製は半保存的である

　ワトソンとクリックが提出したDNAの半保存的複製が正しいのか、それとも間違っているのかをどのようにして調べるのでしょうか？

　1つの方法は、DNA鎖になんらかの目印をつけておくことです。そしてDNAが親から子に伝わる際に、DNAにつけた目印が子のDNAのどこに分布しているのかを追いかけるのです。このように考えたのが、カルテックのマシュー・メセルソンとフランクリン・スタールです。1958年に彼らが行った実験を紹介します。

　窒素には化学的な性質がまったく同じで、やや重さが違うものがあります。このうち軽いのがふつうの窒素(^{14}N)で、重いのが(^{15}N)です。メセルソンとスタールは、重い窒素^{15}Nで標識したDNA（重いDNA）をつくりました。

　重いDNAは、大腸菌を重い塩化アンモニウム($^{15}NH_4Cl$)中で何世代にもわたって培養して作製しました。

　ここからはスケッチを見ながら説明します。培養が終わってから大腸菌の中のDNAを取りだしました。取りだしたDNAは1種類で、その比重は1.724でした（図3-5、実験1）。

　今度はふつうの培地($^{14}NH_4Cl$)で育てた大腸菌のDNAを取りだしました。DNAは1種類で、その比重は1.710でした（実験2）。

　つぎに、$^{15}NH_4Cl$中で何世代にもわたって培養した大腸菌をふつうの培地に移して、1世代だけ培養しました。DNAは1種類で、その比重は1.717でした（実験3）。すなわち、子のDNAの比重は重いDNAと軽いDNAの中間でした。

　最後に、$^{15}NH_4Cl$中で何世代にもわたって培養した大腸菌をふ

つうの培地に移して、2世代培養しました（実験4）。DNAを取りだすと2種類あることがわかりました。それらのDNAの比重は1.710と1.717でした。

図3-5 メセルソンとスタールがDNAの半保存的複製を証明した実験

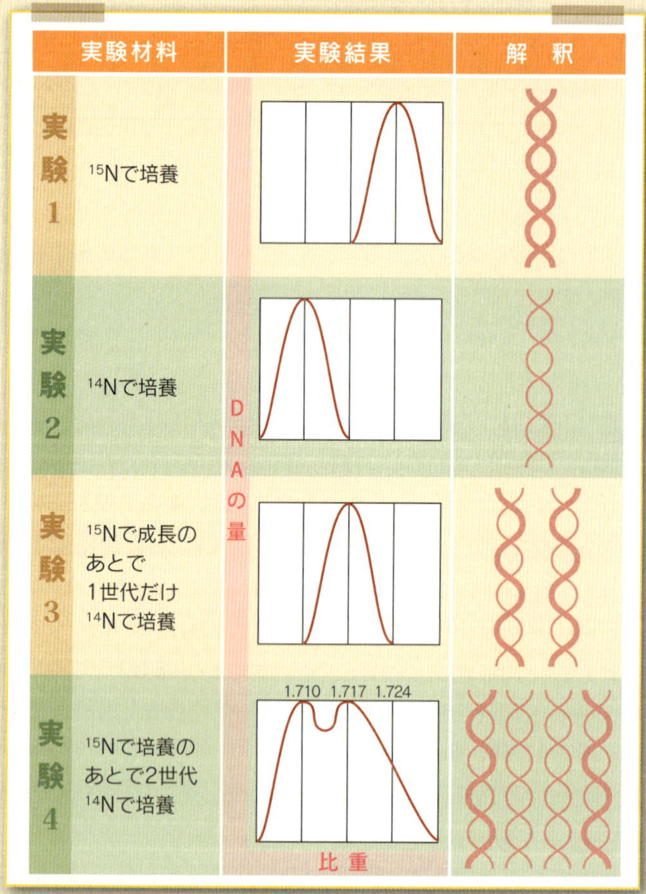

実験材料	実験結果	解釈
実験1 ¹⁵Nで培養		
実験2 ¹⁴Nで培養		
実験3 ¹⁵Nで成長のあとで1世代だけ¹⁴Nで培養		
実験4 ¹⁵Nで培養のあとで2世代¹⁴Nで培養	1.710 1.717 1.724	

縦軸：DNAの量　横軸：比重

これら4つの実験の結果は、親の2本のDNAのうちの1本が子のDNAに保存されるという、半保存的複製によってきれいに説明できます。この様子を図3-5の「解釈」の欄に絵で示しました。

DNAが半保存的に複製することが実験的に証明されたのは1958年のことなので、1953年のDNAモデルの提出からじつに5年かかったことがわかります。

6 短いDNAの変性と復元

生物学的な条件（37℃、ほぼ中性）のもとで、DNAは一本鎖ではなく、二本鎖で存在します。大切な遺伝情報を運んでいるDNAが安定な構造を維持しなければ、生物は生きていけないからです。

かといって、DNAがあまりに安定すぎても困ります。複製によって親のDNAが子のDNAにコピーされるには、DNAの二本鎖がほぐれて部分的に一本鎖になる必要があるからです。DNAはほどほどに安定でなくてはならないのです。

そこでDNAの熱的な安定性について説明します。短い二本鎖DNA（12個の塩基対）をスケッチしました（図3-6）。このDNAの溶液に熱をかけると、水素結合が切断され、塩基対がいくつか壊れます。さらに熱をかけると、塩基対が完全に失われます。塩基対がなくなれば、もはや2本のDNA鎖をつなぎとめておくことはできません。

こうして一本鎖のDNAが2つできます。このプロセスを変性といいます。すなわち、二本鎖DNAにあるすべての塩基対が切断され、2つの一本鎖DNAになることが変性です。

今度は変性と逆のプロセスを考えてみます。2つの互いに相補

的な一本鎖DNAがあります。この溶液をゆっくり冷却すると、水素結合がふたたび形成され（すなわち塩基対が形成され）、もとの二本鎖DNAにもどります。このプロセスを**復元**、または**アニーリング**といいます。復元は、変性したDNAがふたたび二本鎖DNAにもどることです。

スケッチを見ると、下に向かう矢印と上に向かう矢印があります。下に向かう矢印が変性で、上に向かう矢印が復元です。低い温度では、下に向かう矢印が小さく、上に向かう矢印が大き

図3-6　DNAの変性と復元

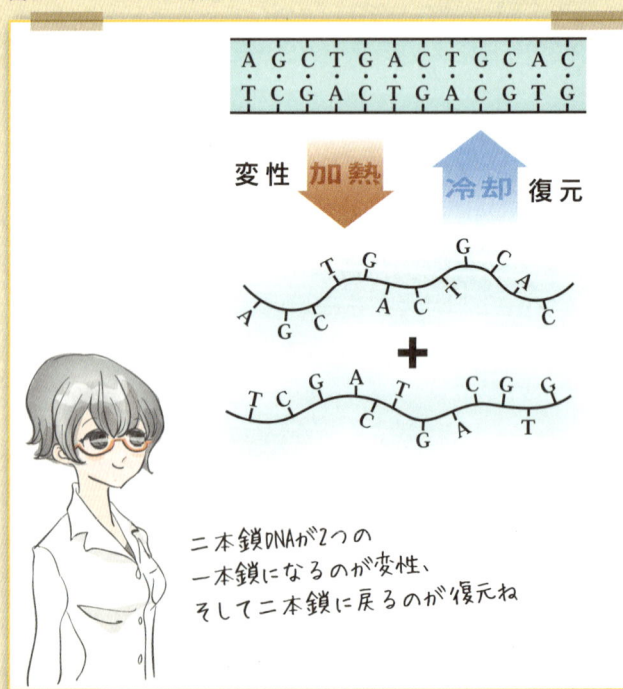

二本鎖DNAが2つの一本鎖になるのが変性、そして二本鎖に戻るのが復元ね

いのです。このため、ほとんどのDNAは二本鎖として存在します。

ところが温度が上がれば状況が変わります。下に向かう矢印がだんだん大きくなり、この反対に上に向かう矢印が小さくなります。このように、反対方向に進む反応がいつでも同時に起こっていることを化学平衡（へいこう）と呼びます。DNAの変性と復元は典型的な化学平衡で、二本鎖と一本鎖のDNAの割合は温度によって決まります。

❓ 紫外線の吸収、変性と復元の調べ方

DNAは紫外線を吸収します。この特徴を利用して、DNAの熱的な安定性を調べる方法を紹介します。

ある物質が紫外線を吸収するとします。このとき、さまざまな波長の紫外線をどれだけ吸収したかを示したグラフを紫外線（UV）吸収スペクトルといいます。DNAのUV吸収スペクトルは、260ナノメートル付近に波長をもつ光をもっともよく吸収するのが特徴です。

あるDNAが10個の塩基から構成されているとします。このDNAのUV吸収スペクトルは、理論的には、それぞれの塩基1つずつのスペクトルを測定して、これら全部を足し合わせたスペクトル（理論スペクトル）に一致するはずです。

実際はどうでしょうか。一本鎖DNAのUV吸収スペクトルは、理論スペクトルによく一致します。ところが二本鎖DNAのスペクトルは、理論スペクトルに一致しません。

二本鎖DNAは一本鎖DNAに比べ、20〜30％低い吸収を示すのです（図3-7a）。塩基がDNAの二本鎖の中に入ると、紫外線の吸収が減少するのです。

図3-7a　DNAの紫外線吸収スペクトル

一本鎖DNA

二本鎖DNA

紫外線吸収

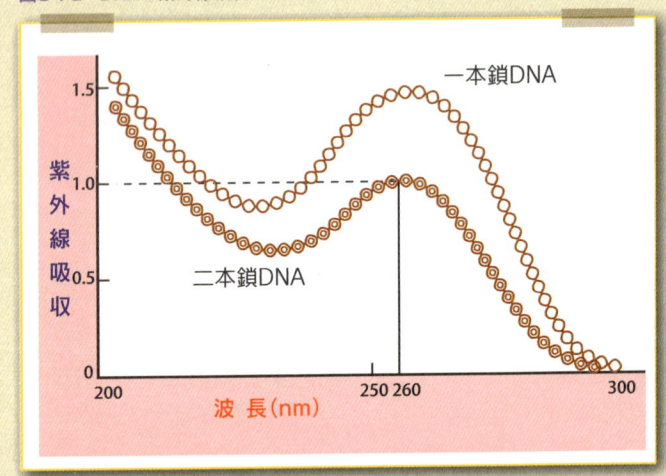

波長(nm)

図3-7b　DNAのメルティング・カーブ

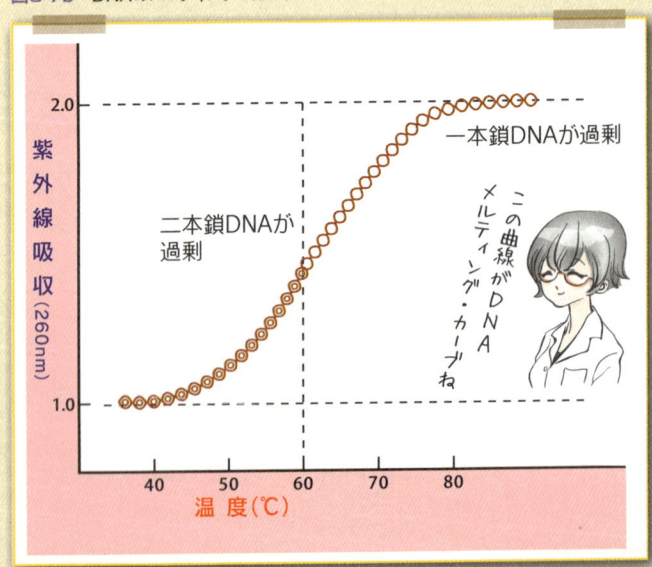

一本鎖DNAが過剰

二本鎖DNAが過剰

紫外線吸収(260nm)

温度(℃)

この曲線がDNAメルティング・カーブね

第3章　DNAの姿と働き

　このように二本鎖と一本鎖のDNAは、UV吸収が異なります。この特徴を利用すれば、DNAの熱的な安定性を調べることができます。波長を一定（260ナノメートル）にして、DNA溶液に熱をかけると、UVスペクトルに変化が見られます（図3-7b）。この曲線のことを **DNAメルティング・カーブ**（融解曲線）と呼びます。

　図3-7bを見てください。40℃では、DNAが二本鎖で存在します。しかし温度が上がるにしたがって、一本鎖の割合が少しずつ増えていきます。温度を60℃まで上げると、二本鎖と一本鎖のDNAの量が等しくなります。この温度のことを **DNAの融点（Tm）** と呼びます。

　安定なDNAをほどいて一本鎖にするには、高い温度にする必要があります。だからTmが高ければ高いほど、DNAは熱的に安定なのです。こうした背景から、DNAの安定性を表現する際の目安として、Tmが用いられているのです。

8　長いDNAの変性と復元

　前項では、短いDNAをモデルにして、DNAの変性と復元のプロセスを学びました。ところが、実際に生体にあるDNAはとても長いのです。本項では、長いDNAについて説明します。

　DNAの溶液を加熱すると、水素結合が切れて一本鎖のDNAになるところまでは、短いDNAのケースと同じです。この熱い溶液をゆっくり冷却すると、一本鎖であったDNAが相補的な塩基対をつくって、二本鎖のDNAに復元します。

　ここでクイズをだします。一本鎖のDNAの溶液の温度を"ゆっくり"ではなくて、"急激に"下げたらDNAはどうなるでしょうか？　つぎの2つのなかから正解を選んでください。

(ⅰ) DNAはもとにもどる
(ⅱ) DNAはもとの姿にもどらない

　正解は (ⅱ) です。むかしから「急いては事を仕損じる」ということわざが教えるとおりの結果になるのです。

　それでは、なぜDNAがもとの姿にもどらないのでしょうか？　この問いに答えるために、DNAの復元プロセスを考えてみます。

図3-8　長いDNAの変性と復元

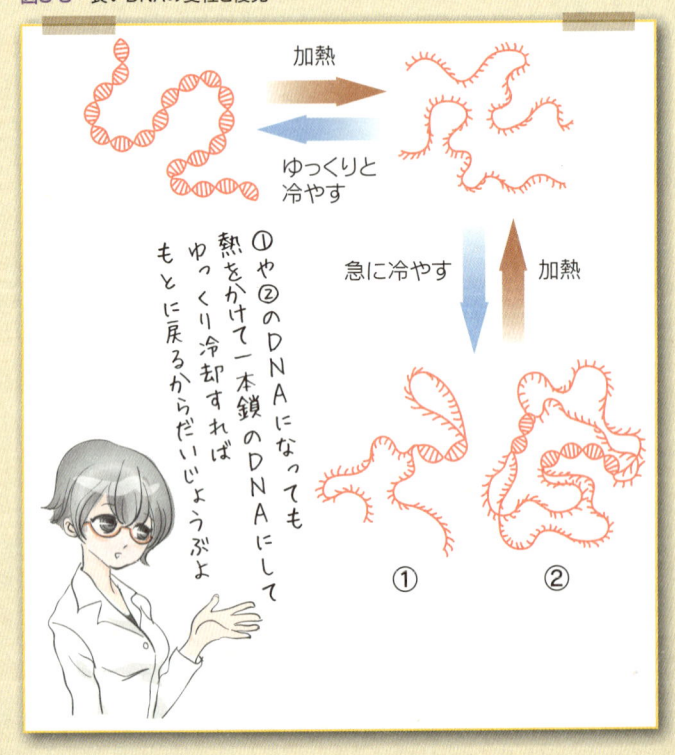

加熱

ゆっくりと冷やす

急に冷やす

加熱

①や②のDNAになっても熱をかけて一本鎖のDNAにしてゆっくり冷却すればもとに戻るからだいじょうぶよ

①　　　　②

温度が下がるにしたがい、2つの一本鎖DNAにある塩基は、対になる塩基を探します。こうして塩基が見つかったら、対をつくり二本鎖DNAを形成します。ゆっくりと温度を下げると、DNA鎖の塩基はもう一方の鎖にある正しいパートナーを見つけることができます。つまり、正しいパートナーを見つけるのに十分な時間があるわけです。しかし急激に温度を下げてしまうと、この時間がありません。

　そこで、とりあえず手近なところにある塩基、たとえば自分の鎖の中の塩基と対をつくることになります。こうしてできたのが図3-8の①にある部分的な塩基対です。また、2本の鎖の間で塩基対をつくっても、正しい位置で塩基対にならないこともあります。この様子を図3-8の②に示しました。

　では、間違えたパートナーを選んでしまうと、やり直しができないのでしょうか？　いいえ、そんなことはありません。①や②のようになってしまったDNAであっても、もとにもどすことができます。その方法は、①や②にもう一度、熱をかけて一本鎖のDNAにし、それからゆっくりと冷却すればいいのです。

9　DNAの安定性は長さと塩基配列で決まる

　DNAの熱に対する安定性を整理すると、つぎのようになります。
(i) 二本鎖DNAに熱をかけると、水素結合が切断されて、一本鎖DNAになる。
(ii) 二本鎖から一本鎖になる際に、UV吸収に変化が起こる。この変化を温度を変えて追跡するとTm（DNAの融点）が得られる。
(iii) Tmが高いほどDNAは安定である。

　DNAの安定性は、DNAの長さと塩基配列によって変わります。

DNAは長いほど安定になります。たとえば、10個の塩基対と20個の塩基対からできている2種類のDNAがあるとします。20個の塩基対からできているDNAは、10個の塩基対からできているDNA比べ安定、つまりTmが高いのです。

なぜなら、二本鎖が一本鎖になるとき、長いDNAでは短いDNAよりたくさんの塩基対、すなわち水素結合を切断しなければならないからです。水素結合を切断するには、エネルギーが必要なことを思いだしましょう。

DNAの安定性は塩基配列によって変わります。ここに同じ長さの二本鎖DNAが2つあるとします。1つは全部A＝Tからでき

図3-9a　DNAメルティングカーブ

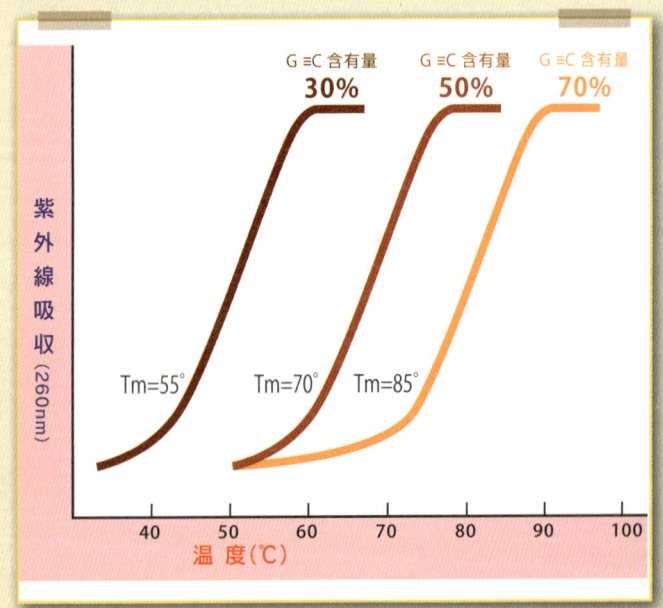

ており、もう一方はG≡Cだけからできています。この2つのDNAのTmを測定すると、G≡CだけからできているDNAのTmは、A＝TだけからできているDNAのTmよりはるかに高いのです。

この理由は、1つのG≡C塩基対には3つの水素結合があるが、A＝T塩基対には2つの水素結合しかないからです。

図3-9aを見てください。異なる割合でG≡C塩基対を含んだ、同じ長さのDNAの安定性を比べました。G≡C含有量70％のDNAのTmは85℃です。G≡C含有量50％では70℃に下がり、G≡C含有量30％ではさらに下がって55℃になります。

このように、DNAの安定性は、A＝TとG≡C塩基対がどれだけの割合でDNAに含まれているかによって大きく変わってきます。A＝TとG≡C塩基対における水素結合の数の違いは、わずか1個ですが、たくさん集まれば大きな差となるのです。

図3-9b　A＝T含有量の多い部分が一本鎖になっている模式図

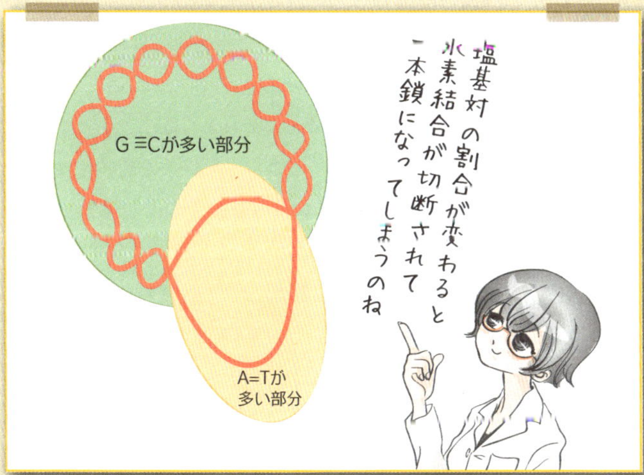

塩基対の割合が変わると水素結合が切断されて一本鎖になってしまうのね

長いDNAでは、G≡Cが多い部分と、反対にA＝Tが多い部分があります。G≡Cが多い部分は安定なので二本鎖のままですが、A＝Tの多い部分では水素結合が切断されて一本鎖のDNAになっていることがあります（図3-9b）。

DNAがいつも二本鎖であると考えるのは誤りです。DNAの水素結合は切断されたり、形成されたりしているのです。

10 ミスマッチのDNAは熱的に不安定

ここまでは、A＝TとG≡C塩基対だけからなる二本鎖DNAの話でした。じつは、A＝TとG≡C以外の塩基も対をつくります。これをミスマッチといいます。一方、通常の塩基対（A＝TとG≡C）のことをパーフェクトマッチといいます。ミスマッチは、パーフェクトマッチより安定性が低いのです。

図3-10aで縦の線で示したのがDNAの鎖で、横線で示したのが塩基対です。図の真ん中ほどにあるXとYという文字は、さまざまな塩基の組み合わせを表します。たとえば、X＝A、Y＝Tなら、A＝T塩基対をつくるのでパーフェクトマッチです。ところで、X＝Aで、Y＝C、G、Aではどうでしょうか？　AとCの組み合わせでも、AとGの組み合わせでも、AとAの組み合わせでも正しい塩基対ができません。これらの正しくない塩基の組み合わせが、ミスマッチです。

DNAの熱的な安定性を比べる際に、Tmを用いたことを思いだしてください。すなわち、ミスマッチのある二本鎖DNAのTmは、パーフェクトマッチの二本鎖DNAよりも低いのです。

しかし、たとえXとYの部分はミスマッチでも、これ以外の部分は塩基対をつくるので、やや不安定ながらも二本鎖になります。

第3章 DNAの姿と働き

　それでは、ミスマッチのDNAは、パーフェクトマッチのDNAよりどれくらい熱的に不安定になるのでしょうか？

　不安定になる度合いは、ミスマッチの種類によって異なります。同じミスマッチでもA-GやT-Gの組み合わせは、DNAのTmを5℃くらいしか下げませんが、A-C、A-A、T-C、T-T、C-Cなどの組み合わせは、10℃から15℃も下げるのです。

　なぜ、A-GやT-Gの組み合わせがA-CやA-Aの組み合わせに比べて、DNAをそれほど不安定にしないのかというと、A-GやT-G

図3-10a　ミスマッチのあるDNAの変性と復元

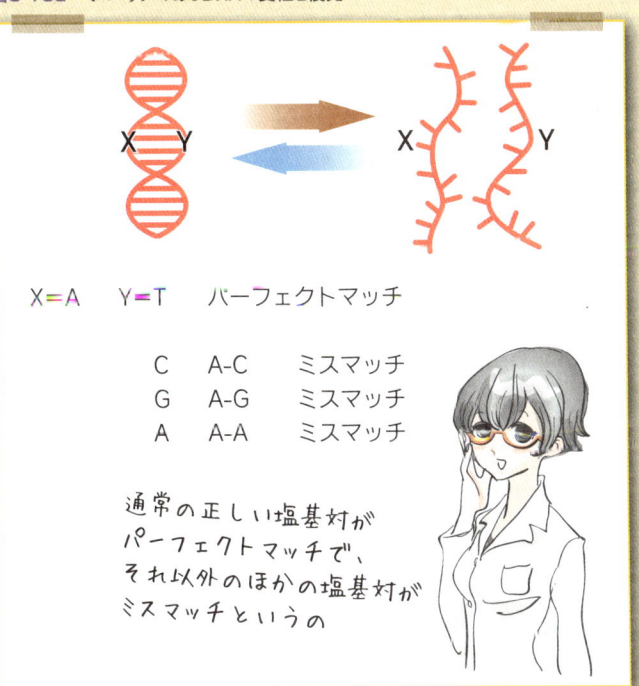

X=A　　Y=T　　パーフェクトマッチ

　　　　C　　A-C　　ミスマッチ
　　　　G　　A-G　　ミスマッチ
　　　　A　　A-A　　ミスマッチ

通常の正しい塩基対が
パーフェクトマッチで、
それ以外のほかの塩基対が
ミスマッチというの

が非ワトソン・クリック型の塩基対をつくるのに対して、これら以外のミスマッチの組み合わせでは、塩基対ができにくいからです。

ポイントは、1つのミスマッチをDNAの二本鎖に入れるとTmがおよそ10℃も低下することです。だから、パーフェクトマッチは二本鎖だけれども、ミスマッチは一本鎖になるような温度を選ぶことができます（図3-10b）。

図3-10b　パーフェクトマッチとミスマッチの安定性の測定

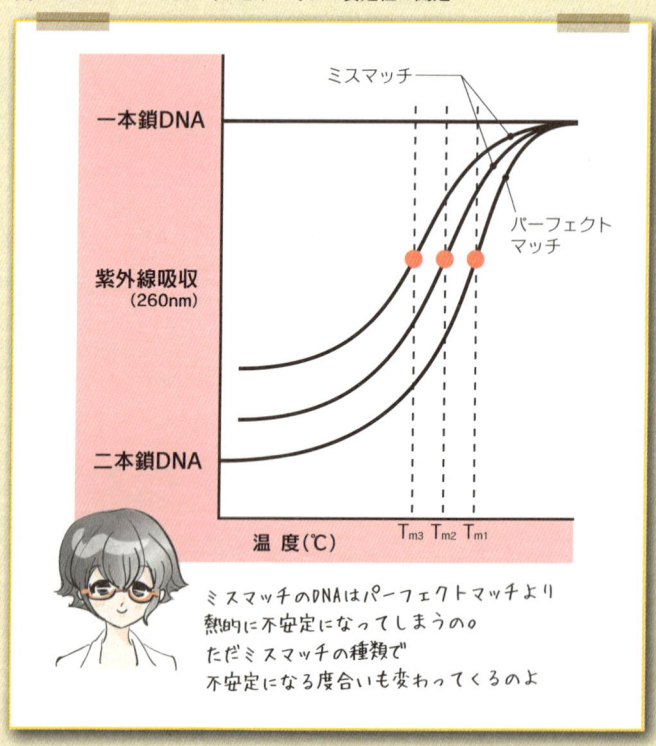

ミスマッチのDNAはパーフェクトマッチより熱的に不安定になってしまうの。
ただミスマッチの種類で不安定になる度合いも変わってくるのよ

第3章　DNAの姿と働き

11 DNAドデカマーの結晶構造

　ワトソンとクリックのDNAモデル（70ページ参照）は正しいのでしょうか？　それを証明するには、どうすればいいのでしょうか？

　答えは、はっきりと塩基配列がわかっているDNAの結晶をつくり、この結晶にX線を照射して回折パターンを分析すればいいのです。

　1980年、当時カルテックにいた**リチャード・ディッカーソン**のグループは、CGCGAATTCGCGという12の塩基配列をもったDNA（12はドデカなので、このDNAを**ドデカマー**と呼びます）の結晶をつくりました。そしてドデカマーの結晶をX線で回折し、立体構造の詳細を発表しました。このドデカマーから得られた右巻きDNAの構造を**B型**と呼びます。いまでは、ワトソンとクリックのDNAモデルもまた、B型と呼ばれています。

　図3-11aの右側に見える非常に深い溝がメジャー・グルーブで、左側の浅い溝がマイナー・グルーブです。塩基は水素結合によって対になります。こうしてできた塩基対は、DNAの円柱の内側に入っています。塩基対の外側を囲んでいるのが糖とリン酸です。それぞれの塩基対はほぼ水平方向にあり、塩基と塩基の距離は0.34ナノメートルと近いため、塩基対は隣の塩基対と重なり合っています。

　このドデカマーの構造は、ワトソンとクリックがDNA繊維のX線回折をもとに提出したモデルとほぼ一致しています。しかしDNA繊維はさまざまなDNAの混ざりものなので、DNA繊維のデータからは、くわしい構造まではわからなかったのです。

91

図3-11a 右巻きB型DNAの微細構造

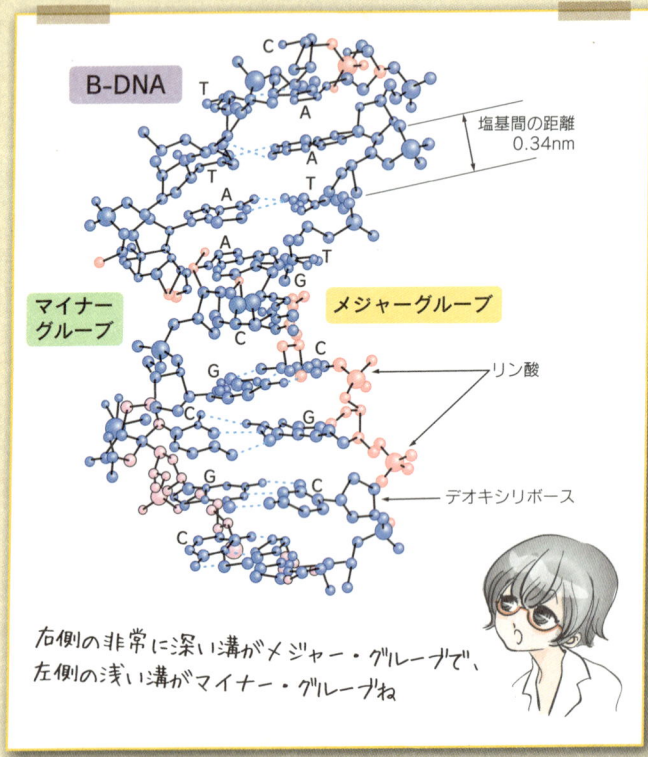

B-DNA

塩基間の距離 0.34nm

マイナーグルーブ

メジャーグルーブ

リン酸

デオキシリボース

右側の非常に深い溝がメジャー・グルーブで、左側の浅い溝がマイナー・グルーブね

※ディッカーソン博士の好意による

図3-11b ドデカマーの結晶解析

ドデカマーの結晶解析

① DNAが右巻きの二重らせんであることが証明された

② それぞれの原子の位置が正確に特定できるようになった

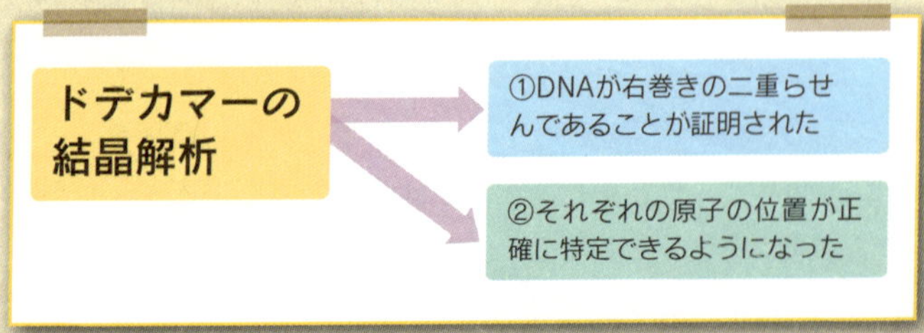

ドデカマーの立体構造の解明によって、DNAが本当に右巻きの二重らせんであることが証明されたと同時に、それぞれの原子の位置まで正確に特定できたのです（図3-11b）。

12 ヒトの細胞に存在するDNAは全長2メートル！

生体に存在するDNAは非常に長いのが特徴です。たとえば、大腸菌の染色体でさえ400万の塩基対からできており、その分子量は26億という巨大なものです。それでは、400万塩基対のDNAはどれくらいの長さになるのでしょうか？

DNAの塩基間の距離がおよそ0.34ナノメートル。したがって、400万の塩基対からできているDNAの長さは、3.4×10^{-7}（ナノメートル）$\times 4 \times 10^{6} = 1.4$ミリになります。1.4ミリという長さは、虫眼鏡で十分に見ることができます。この長さに対して、DNAの直径はわずか2ナノメートルです。

DNAの研究で名高いブルーノ・ズィム（カリフォルニア大学サンディエゴ校）は、ハエのもっとも大きな染色体には620万もの塩基対があり、その長さは2.1センチにも達することを発見しました。このようにDNAはとても長い糸のような分子です。

分子といえば、水やアスピリンのような小さな分子を思い浮かべるため、共有結合は切れないものと思いがちです。ところが1つの分子が2.1センチにも達する巨大分子では、少しの力を加えるだけで化学結合が容易に切断されてしまいます。

たとえば、先の尖ったピペットなどで長いDNAの溶液をかきまわしたりすると、620万の塩基対が100分の1か1000分の1くらいのDNA断片になってしまいます。

ウイルス、細菌、真核生物のDNAの塩基対の数と長さをまと

図3-12a　DNAの長さ(1倍体)

種	塩基対 (キロ塩基対)	長さ (マイクロメートル)
ウイルス		
SV40	5.1	1.7
T2ファージ	160	56
ワクシニアウイルス	190	65
バクテリア		
マイコプラズマ	760	260
大腸菌	4,000	1,360
真核生物		
ハエ	165,000	56,000
ヒト	2,900,000	990,000

※1マイクロメートルは1000分の1ミリメートル

図3-12b　細胞とDNAの長さ

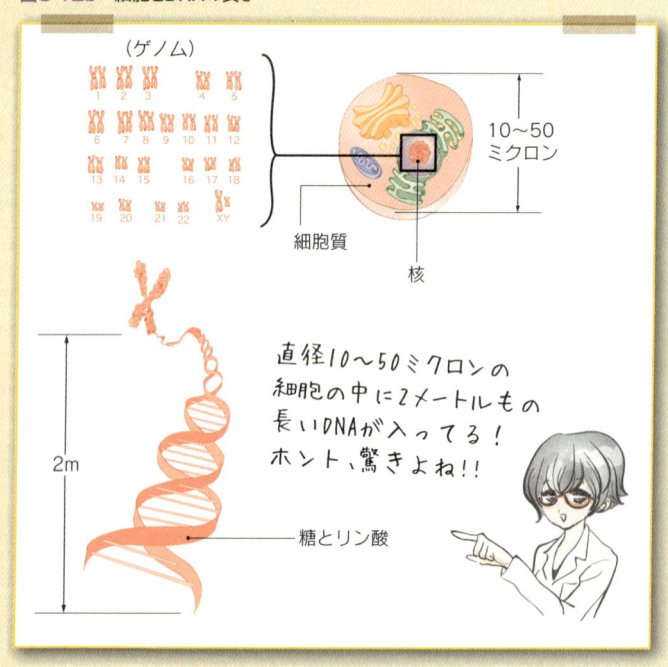

(ゲノム)

10〜50ミクロン

細胞質

核

2m

糖とリン酸

直径10〜50ミクロンの細胞の中に2メートルもの長いDNAが入ってる！ホント、驚きよね!!

第3章　DNAの姿と働き

めました（図3-12a）。もっとも小さなウイルスのDNAでさえ、かなりの長さであることにご注目ください。ちなみにSV40は、サルにがんを発生させるとても小さなウイルスです。SV40のDNAには5,100塩基対（5.1キロ塩基対）があり、この塩基対をまっすぐに伸ばせば1.7マイクロメートルの長さになります。

　DNAをタンパク質の大きさと比較してみましょう。たとえば、血液中にあって酸素を運んでくれるヘモグロビンは丸いタンパク質で、直径がおよそ6.5ナノメートルです。一方、DNAの直径は2ナノメートルです。ヒトの1つの細胞にあるDNAをまっすぐに伸ばせば、2メートルにも達します。これほど長いDNAが、直径10〜50マイクロメートルの細胞の中に入っているのです（図3-12b）。いかにDNAがコンパクトに詰まっているか、驚くよりほかありません。

13　遺伝情報の流れ

　生物の遺伝情報はDNAに記録され、その情報を記録するための文字はA、G、C、Tという4つの塩基です。だからDNAを4文字で書かれたテープと考えることもできます。細胞にはこのテープに書かれている情報を的確に読み取り、タンパク質をつくる機能があるのです。

　DNAの役割は複製と転写の2つです。それぞれのプロセスをスケッチしました（図3-13a）。

　複製とは、二本鎖DNAが自分自身のコピーをつくるプロセスのことです。複製が生物の本質であることや、複製のしくみは、保存的ではなくて、半保存的に起こることもすでに述べました。

　転写とは、DNAに相補的な塩基配列をもった一本鎖のRNAが

95

できるプロセスです。転写によってできた一本鎖のRNAは、DNAの遺伝情報を正確にコピーしています。遺伝情報というメッセージをもっていることから、このRNAのことを**メッセンジャーRNA（mRNA）**といいます。

転写によってできたmRNAは、リボソームまで移動します。リボソームは、タンパク質の組み立てが行われる工場です。リボソームに到着したmRNAは、どのようなアミノ酸が順番に並ぶべきであるのかを指令(コード)します。そして、mRNAの指令にしたがってアミノ酸をリボソームへ運んでくる係が**トランスファーRNA（tRNA）**です。Transferはアミノ酸を「運ぶ」という意味です。

それぞれのアミノ酸に対応するtRNAがあります。tRNAによって運ばれてきたアミノ酸が、1番、2番、3番、そしてn番というぐあいに順番に並ぶのです。そしてアミノ酸が並んだ順番につながってタンパク質ができます。

このように遺伝情報は、DNA→RNA→タンパク質へと一方通行で流れることがわかります（図3-13b）。このことをクリックは、1958年に**セントラル・ドグマ**という強烈な表現を使って発表しました。

その後、RNAを遺伝子としてもつRNAウイルスが、RNAから

図3-13a　複製と転写の違い

複製	二本鎖DNAが自分自身のコピーをつくるプロセス
転写	DNAに相補的な塩基配列をもった一本鎖のRNAができるプロセス

第3章 DNAの姿と働き

DNAを合成する逆転写をすることが発見されました。それで、セントラル・ドグマに一部の修正が加えられたものの、その基本思想は微動だにしません。すぐれた理論がどれほど重要であるか、おわかりいただけたでしょう。

図3-13b　遺伝情報の流れ

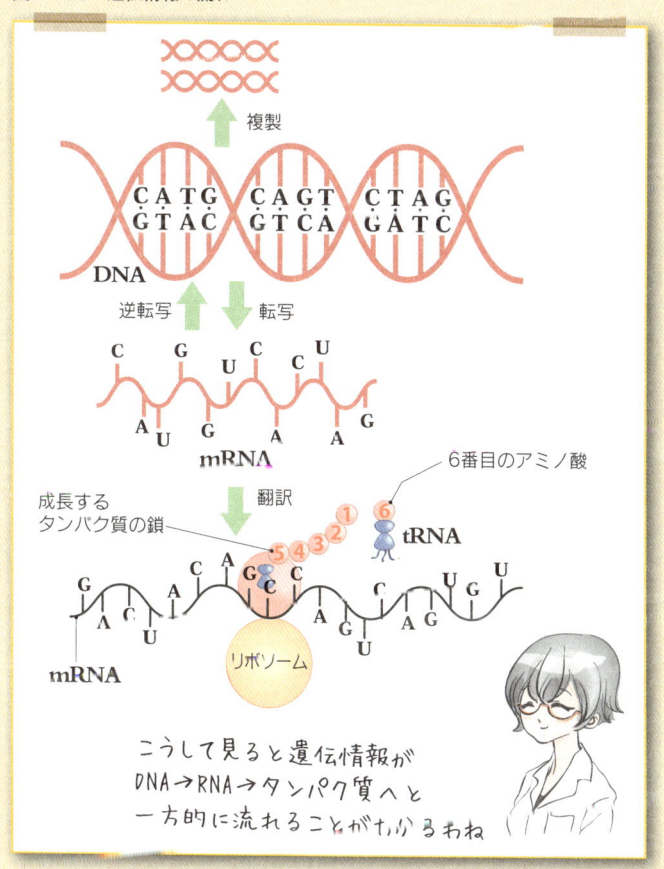

こうして見ると遺伝情報が
DNA→RNA→タンパク質へと
一方的に流れることがわかるわね

97

14 大腸菌からヒトまで共通の遺伝暗号

　DNAからmRNAへの転写が終わると、つぎにmRNAはタンパク質をつくるために、アミノ酸を指令(コード)しなければなりません。

　ここで問題が発生します。指令しなければならないアミノ酸は20種類あるのですが、RNAの塩基は4種類しかありません。4種類の塩基でどうやって20種類のアミノ酸を指令できるのでしょうか？

　ここで生物は、文字の組み合わせというトリックを使います。20種類のアミノ酸を指令するには、4つあるRNAの文字から3つを取りだすのです。なぜ、3つなのでしょうか？　2つだと、4×4＝16種類で、20に届きません。でも3つなら、4×4×4＝64種類になります。これなら、20種類のアミノ酸を指令するのに十分です。

　RNAの連続した3文字をコドンといいます。64種類のコドンのうち、61種類のコドンは実際にアミノ酸を指令しています。すなわち、1つのアミノ酸を指令するコドンは平均3つあります。

　アミノ酸を指令していない残りの3つが終止コドンです。終止コドンは、リボソームではタンパク質の合成を終わらせる働きをします。また、タンパク質の合成を開始するコドンを開始コドンといいます。

　遺伝暗号表は、英語のアルファベットにたとえることができます(図3-14)。英語のアルファベットはわずか26文字しかないけれど、これらを組み合わせることで、どんな言葉や考えも表現できるのと同じです。

　たとえば、アルファベットの26文字のなかから、R、M、F、Oの4文字を拾いだしただけでは意味をもちません。しかし、これら

第3章 DNAの姿と働き

の文字を並べ替えると「FORM」つまり、「形」という意味になります。

コドンとそれに対応するアミノ酸、開始コドンや終止コドンをまとめました。たとえば、AUGはメチオニンを、GGGはグリシンを、そしてCUCはロイシンを指令します。また、AUGはメチオニンを指令すると同時に、タンパク質の開始コドンにもなっています。そしてUAA、UAG、UGAのコドンがくると翻訳が終了します。

単細胞生物の大腸菌から哺乳類のヒトまで、この遺伝暗号表はすべての生物に共通なのです。

図3-14 遺伝暗号表

	U	C	A	G	
U	UUU Phe UUC Phe UUA Leu UUG Leu	UCU Ser UCC Ser UCA Ser UCG Ser	UAU Tyr UAC Tyr UAA Stop UAG Stop	UGU Cys UGC Cys UGA Stop UGG Trp	U C A G
C	CUU Leu CUC Leu CUA Leu CUG Leu	CCU Pro CCC Pro CCA Pro CCG Pro	CAU His CAC His CAA Gln CAG Gln	CGU Arg CGC Arg CGA Arg CGG Arg	U C A G
A	AUU Ile AUC Ile AUA Ile AUG Met	ACU Thr ACC Thr ACA Thr ACG Thr	AAU Asn AAC Asn AAA Lys AAG Lys	AGU Ser AGC Ser AGA Arg AGG Arg	U C A G
G	GUU Val GUC Val GUA Val GUG Val	GCU Ala GCC Ala GCA Ala GCG Ala	GAU Asp GAC Asp GAA Glu GCG Glu	GGU Gly GGC Gly GGA Gly GGG Gly	U C A G

15 転写と翻訳のコントロール

前項では遺伝暗号について説明しました。しかし、もしその遺伝暗号が正しく読まれなかったらどうなるのでしょうか？

たとえば、mRNAを読む際に、3文字AGCと読まれるべきところを、4文字AGCGと読まれてしまったらどうなるでしょう。これ以後のアミノ酸の読み枠がすべてくるってしまいます。このため、指令すべきアミノ酸が違ったものになるため、機能しないタンパク質ができてきます（図3-15a）。

それだけではありません。読み間違いによって、終止コドン（UAA）さえ消えてしまいます。これでは生物は生きられません。

このように、遺伝暗号の読み間違いは生物にとって死活問題なのです。とりわけ、遺伝暗号の読み枠がずれてはいけません。だから、転写と翻訳のプロセスは厳格にコントロールされているのです。

では、転写と翻訳が厳格にコントロールされているプロセスをDNAの側から見ていきましょう。

図3-15a　RNAの読み間違い

mRNA	···CUC·AGC·GAC·GGG·GAA·UGG·CAC·UAA
	Leu　Ser　Asp　Gly　Gly　Glu　Trp　Stop

読み間違い	···CUC·AGCG·ACG·GGG·AAU·GGC·ACU·AAG·UG
	Leu　Ser　Thr　Gly　Glu　Gly　Thr　Lys

第3章　DNAの姿と働き

　図3-15bに遺伝子の構造を示しました。タンパク質を指令する領域を**構造遺伝子**といいます。構造遺伝子は、上流と下流という2つのコントロール領域に挟まれています。タンパク質を指令する領域はATG（メチオニンを指令）に始まり、TAA（TAG、TGA）で終わります。このように、タンパク質を指令する領域は始めと終わりが明確になっています。

　コントロール領域の上流、つまり遺伝子の左側には、**プロモーター**があります。プロモーターとは、DNAをmRNAにコピーするかしないかの切り換えスイッチです。

図3-15b　遺伝子の構造

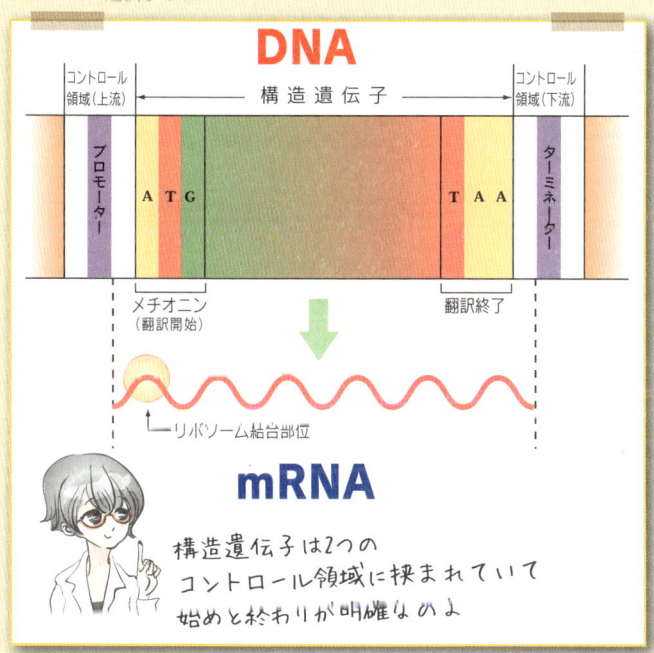

コントロール領域(上流)	構造遺伝子	コントロール領域(下流)
プロモーター	ATG ... TAA	ターミネーター

ATG：メチオニン（翻訳開始）
TAA：翻訳終了

↓

mRNA
←リボソーム結合部位

構造遺伝子は2つの
コントロール領域に挟まれていて
始めと終わりが明確なのよ

プロモーターの役割は、転写を起こさせる、2本あるDNAのうちどちらを転写させるのか、そしてどれくらいの量のmRNAを合成するのかを決めることです。

また、翻訳を始めるには、まず、mRNAがリボソームにドッキングします。ドッキングに必要な部品もプロモーターの中に用意されています。それから、コントロール領域の下流（遺伝子の右側）には、転写を終了させるターミネーターがあります。

転写は、RNAポリメレースがプロモーターにドッキングして始まります。RNAポリメレースは、mRNAを合成しながらDNAの上を移動します。そしてターミネーターの位置に到着すると、DNAから離れ、転写が終わります。転写と翻訳が、厳格にコントロールされていることがわかります。

16 転写を進める RNAポリメレースの活躍

ここで転写をややくわしく見ていきましょう。転写は「開始」「鎖の延長」「終わり」の、3つのステップから成り立っています。開始はどこでmRNAの合成を始めるのか、鎖の延長はRNAの順調な合成、そして終わりはどこでmRNAの合成を終えるのかの指定です。

RNAポリメレースがmRNAを合成するプロセスには、6つのステップがあります。その様子をスケッチしました（図3-16）。

ステップ1では、RNAポリメレースがプロモーターのそばにドッキングします。DNAの二本鎖のうちの1本がmRNAをつくるためのテンプレート（鋳型）として使われます。そしてRNAポリメレースをプロモーターまで運ぶのが、σ（シグマ）タンパク質です。

ステップ2は、RNAポリメレースがプロモーターに移動します。

第3章　DNAの姿と働き

図3-16　転写のメカニズム

Step 1
RNAポリメレースがDNAに結合

- RNAポリメレース
- σタンパク質
- プロモーター
- DNAテンプレート

Step 2
RNAポリメレースがプロモーターの部位に移動

Step 3
RNAポリメレースが12個の塩基対を巻きもどす

Step 4
mRNAの合成

Step 5
mRNAを合成しDNAをふたたび巻きもどす

- 成長するRNA鎖

Step 6
転写終わり

- プロモーター

DNAポリメレースがmRNAを合成するプロセスは6つのステップがあって、RNAポリメレースがフルに活躍しているの。

ステップ3になると、RNAポリメラーゼがプロモーターにある12個の塩基対を巻きもどします。巻きもどされて一本鎖になった状態を**オープン・プロモーター・コンプレックス**といいます。DNAが部分的に巻きもどされて開いているのでオープンというのです。転写が始まる前に、このコンプレックスがかならずできます。

　ステップ4で、いよいよmRNAの合成が始まります。RNAポリメラーゼは2つのドッキングサイトをもっています。1つはmRNAの鎖を伸ばすために塩基にドッキングする部位。もう1つは転写を始めるための特別な部位で、アデニンまたはグアニンがドッキングします。したがって、転写はいつもAまたはGで始まります。転写が始まり2番目の塩基がつくやいなや、σタンパク質が離れます。

　ステップ5と6で、RNAポリメラーゼがDNAの上を走りながら、DNAを巻きもどして一本鎖にし、mRNAを合成するやいなや、DNAをふたたび巻きなおします。

　最後に、RNAポリメラーゼがターミネーターの塩基配列に到着し、DNAから離れます。こうして転写が終わります。RNAポリメラーゼの活躍には目を見張るばかりです。

17　転写をコントロールするプロモーター

　転写の始まりをもう少しくわしく見ていくために、二本鎖DNAをスケッチしました（図3-17a）。上のDNA鎖が**センス**で下が**アンチセンス**です。アンチセンスのDNAは、mRNAを合成するためのテンプレート（鋳型）として使われます。

　転写の際には、RNAポリメラーゼがアンチセンスにくっついて、相補的な塩基配列のRNA（つまりセンス）をつくります。したがっ

第3章 DNAの姿と働き

て、できたRNAの塩基配列はTがUに置き換わっている以外は、センスDNAの塩基配列とまったく同じになります。

まず、RNAポリメレースがプロモーターのそばにドッキングし、つぎにプロモーターまで移動することを述べました（103ページ参照）。なぜ、RNAポリメレースがいきなりプロモーターにドッキングしないのでしょうか？

答えは簡単。いきなりドッキングするということは、3次元空間でプロモーターを捕まえなければならないということです。これに対し、いったんプロモーターのそばの塩基にくっついてから、DNAの上をすべり、目的とする塩基配列までたどりつくと、1次元の移動ですみます。どちらの効率がいいかは明らかです。

プロモーターには、転写の頻度を決める働きもあります。遺伝子の転写の頻度は多様です。10秒ごとに転写される遺伝子もあれば、30分から60分に一度くらいしか転写されない遺伝子もあります。

図3-17a　DNAからRNAへのコピー

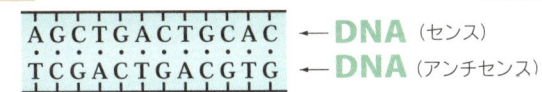

```
AGCTGACTGCAC  ← DNA（センス）
TCGACTGACGTG  ← DNA（アンチセンス）

       ↓
                              Tがひと置き換
AGCUGACUGCAC  ← RNA           わっている以外
                              はセンスと同じ
```

アンチセンスのDNAがmRNAを合成するためのテンプレートとして使われるのね

そんな遺伝子ごとに違う転写の頻度を決めているのが、プロモーターの塩基配列なのです。

1975年、ハーバード大学の**デービッド・プリブノウ**とマックス・プランク研究所の**ハインツ・シャラー**は、独自にプロモーターの塩基配列と転写の頻度を調べるうちに、共通する塩基配列があることを発見しました。

トリプトファン、ラクトース、レックAのプロモーターの塩基配列をまとめました（図3-17b）。DNAの塩基の位置は数字で指定されています。すなわち、mRNAへの転写が始まる位置が＋1になり、ここから左にはマイナスの符号をつけ、右側にはプラスの符号をつけています。

プロモーターの塩基配列を比べると、共通する塩基配列がわかりました。その配列は−35と−10の2つの領域にあります。−35の領域ではTTGACA、そして−10の領域ではTATAATという塩基配列です。この2つの領域の中間には、**スペーサー**と呼ばれる塩基が16個並んでいます。−10領域の下流に塩基が6個並んでいて、これにつづいてRNAの転写が始まります。

図3-17b　大腸菌のRNAポリメレースで転写が始まるプロモーター領域

	−35領域	スペーサー	−10領域	スペーサー	RNAの始まり
トリプトファンの遺伝子	TTGACA	17塩基	TTAACT	7塩基	A
ラクトースの遺伝子	TTTACA	17塩基	TATGTT	6塩基	A
レックA	TTGATA	16塩基	TATAAT	7塩基	A
コンセンサス	TTGACA		TATAAT		

第3章　DNAの姿と働き

18 塩基配列による転写の終わり

　転写を終わらせるのに2つのしくみがあります。1つ目はDNAの塩基配列によるものです。これはひんぱんに起こるタイプの終了です。

　もう1つが、ρ（ロー）というタンパク質の働きによる終了です。文字の形は似ているけれど、RNAポリメレースをプロモーターまで運ぶσ（シグマ）タンパク質とは違うので注意しましょう。

　では、DNAの塩基配列による終了から見ていきます。たくさんの遺伝子について転写が終わる箇所の塩基配列を調べたら、2つの特徴が見つかりました。

　スケッチを見ながら説明します（図3-18a）。2つの特徴とは、
(1) GCに富んだ塩基対（GCリッチ）の領域が2組並んでいること。
(2) このあとに、アデニンが4つ（A4）から8つ（A8）くらい連続して並ぶこと。

図3-18a　転写が終わる部位の構造

| GCリッチ | | GCリッチ | A4〜A8 |

GCリッチの領域が2つ並んでいて、そのあとにアデニンが4〜8つ連続して並んでいるのが特徴なのね

107

転写が終了するしくみは、まだよくわかっていませんが、想像することはできます。想像されるしくみをスケッチしました（図3-18b）。

(i) 快調に転写をつづけていたRNAポリメレースがGCリッチの領

図3-18b　転写が終わるメカニズム

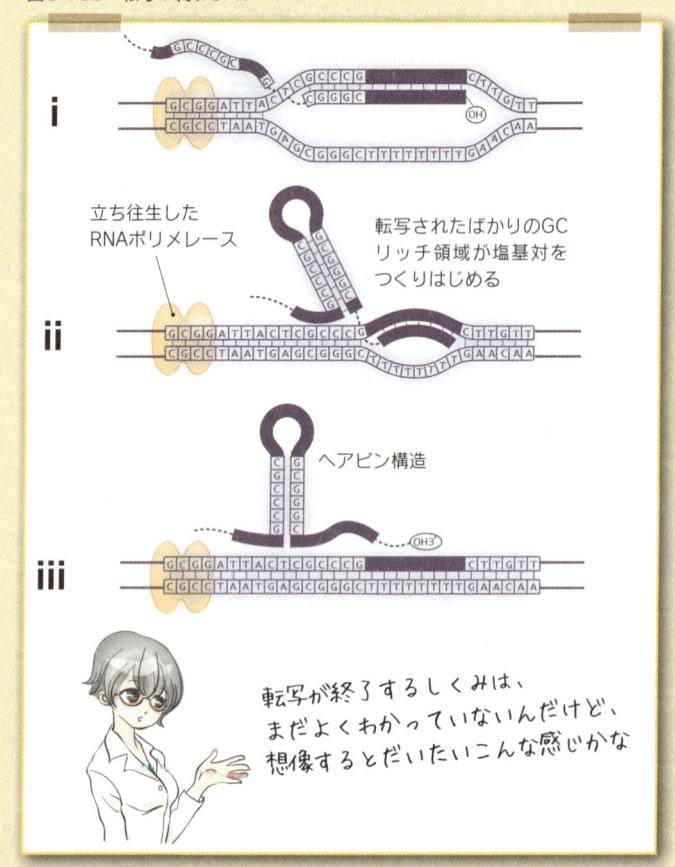

立ち往生した
RNAポリメレース

転写されたばかりのGC
リッチ領域が塩基対を
つくりはじめる

ヘアピン構造

転写が終了するしくみは、
まだよくわかっていないんだけど、
想像するとだいたいこんな感じかな

第3章　DNAの姿と働き

域までくると、立ち止まってしまいます。ときには、そのまま数分間も動かないこともあります。その理由はなんでしょう。RNAポリメレースが進むためには、塩基対を巻きもどさなければなりません。しかしAT塩基対に比べGC塩基対はじょうぶなため、なかなか巻きもどせないのです。こうしてRNAポリメレースが立ち往生します。

(ii) その間に、転写されたばかりのGCリッチ領域が塩基対をつくり始めます。GC塩基対はDNAとRNAとの間のA-U塩基対よりもじょうぶなため、GC塩基対が優先します。その結果、

(iii) 転写されたRNAがDNAから離れます。ここで離れたRNAはヘアピンのような形をしているので、ヘアピンRNAと呼ばれます。RNAポリメレースが立ち往生しただけでなく、RNAがDNAから離れてしまったのでは、転写をつづけることができません。

　まるで見てきたかのごとく述べましたが、これは仮説です。まだ証明されたわけではありません。

19　タンパク質による転写の終わり

　つぎに転写を終了させるもう1つのしくみである、ρタンパク質による終了を説明します。

　たとえば、大腸菌のρタンパク質は、419個のアミノ酸からなるタンパク質が6つ集まってできたものです。419個のアミノ酸からなるそれぞれのタンパク質をサブユニットといいます。

　それではρタンパク質による転写の終わり方を、スケッチを見ながら追っていきましょう（図3-19）。4つのステップがあります。

　ステップ1では、RNAポリメレースがmRNAを合成している様子が描かれています。合成されたばかりのmRNAには、ρタンパ

ク質がドッキングする部分があります。

　ステップ2では、この部分にρタンパク質がドッキングします。

図3-19　ρタンパク質による転写の終わり

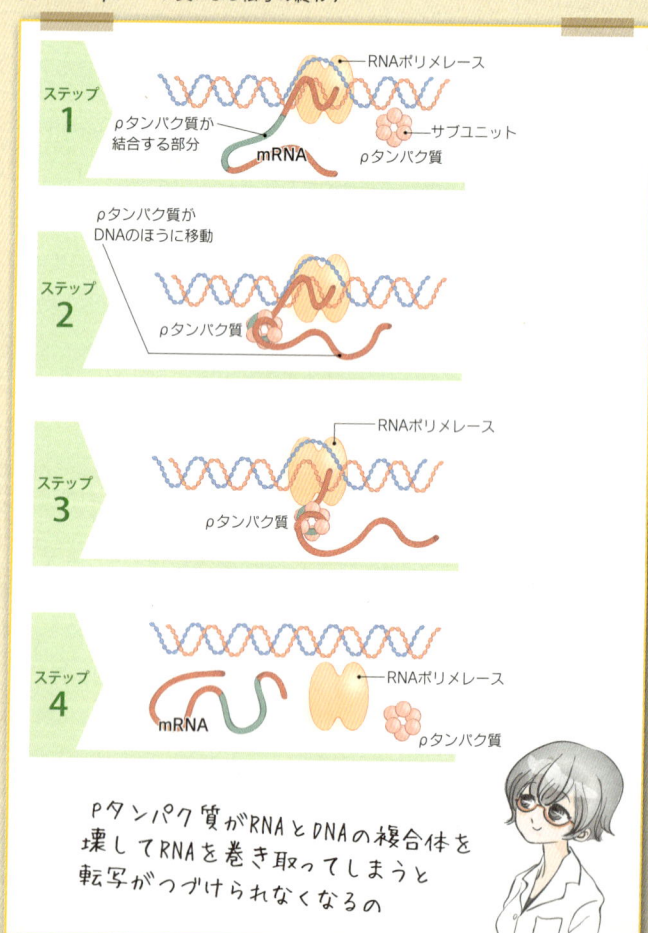

ステップ1
- RNAポリメレース
- ρタンパク質が結合する部分
- mRNA
- サブユニット
- ρタンパク質

ステップ2
- ρタンパク質がDNAのほうに移動
- ρタンパク質

ステップ3
- RNAポリメレース
- ρタンパク質

ステップ4
- mRNA
- RNAポリメレース
- ρタンパク質

ρタンパク質がRNAとDNAの複合体を壊してRNAを巻き取ってしまうと転写がつづけられなくなるの

そしてドッキングするやいなや、ρタンパク質はDNAのある方角にRNAの上をすべっていくのです。

ステップ3では、ρタンパク質がRNAとDNAのコンプレックスに近づきます。そして、このコンプレックスを壊すと同時に、RNAを巻き取ってしまうのです。これでは転写をつづけることはできません。

そしてステップ4では、RNAポリメレース、mRNA、ρタンパク質がDNAから離れてしまいました。こうして転写が終わります。

20 tRNAやrRNAの合成

RNAにはmRNAだけでなく、tRNA（トランスファーRNA）やrRNA（リボソームRNA）もあります。ここでは、tRNAやrRNAの合成について述べます。DNAが転写されて、かなり長い未熟なRNAができます。このRNAを加工するプロセスがあるのです。

1番目のタイプの加工をスケッチしました（図3-20a）。この加工を担当するのが**リボヌクレエース**という酵素です。リボヌクレエ

図3-20a　未熟なRNAの加工

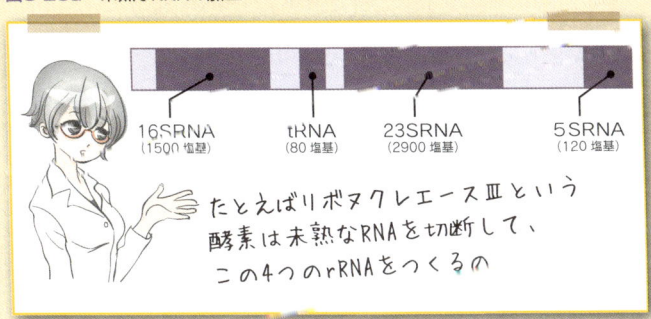

16SRNA (1500塩基)　tRNA (80塩基)　23SRNA (2900塩基)　5SRNA (120塩基)

たとえばリボヌクレエースⅢという酵素は未熟なRNAを切断して、この4つのrRNAをつくるの

ースは、未熟なRNAを正確な箇所で切断します。

たとえば、大腸菌にあるリボヌクレエースPという酵素は、RNAを適当な位置で切断することによって、すべてのtRNAをつくります。

図3-20b　イーストのチロシンを運ぶtRNAのプロセッシング

切断するばかりでなく塩基をつけ加えることもあるのね

リボヌクレアーゼⅢという酵素は、未熟なRNAを切断することによって、5S（120塩基）、16S（1,500塩基）、23S（2,900塩基）のrRNAをつくります。Sは遠心分離の沈降定数で、分子の大きさを表します。

2番目のタイプの加工は、塩基をつけ加えるものです。たとえば、tRNAにCCAという3つの塩基をつけ加えます。イーストのチロシンを運ぶtRNAが加工されて成熟したtRNAになるプロセスをスケッチしました（図3-20b）。未熟なtRNAから切断される部位に印をつけています。切断するばかりでなく、3つの塩基CCAをつけ加えているのがわかります。

3番目の加工は、塩基や糖に飾りをつけるものです。たとえば、ある塩基や糖にメチルという単位をつけると、通常とは異なる性質の塩基や糖になります。なぜ塩基や糖が修飾されるのかはわかりません。しかし修飾を受けることによって、RNAが多様化します。多様化は生物が環境の変化に耐え、生き残るための重要な戦略です。

21 複製と転写を担当する酵素の比較

DNAの複製はDNAポリメレース、転写はRNAポリメレースというエキスパートが担当しています。これらの酵素の働きを見ていきましょう。

どちらの酵素にも共通するのは、DNAをテンプレート（鋳型）にしていること。違いは、複製はDNAを合成する、転写はRNAを合成するプロセスであることです（図3-21a）。

複製も転写もテンプレートと塩基対をつくることで始まります。だから、合成されるDNAとRNAの塩基配列はテンプレートによ

って決まります。どちらも化学的には同じなのです。

大腸菌のDNAポリメレースとRNAポリメレースの性質を比較しました(図3-21b)。分子量は、DNAポリメレース33万、RNAポリメレース45万。どちらの酵素も巨大です。

しかし、反応の速さはずいぶん違います。DNAポリメレースが毎秒500〜1,000個の塩基をつなげるのに対し、RNAポリメレースは毎秒50個の塩基しかつなげません。このようにRNAポリメ

図3-21a　DNAの複製と転写のメカニズム

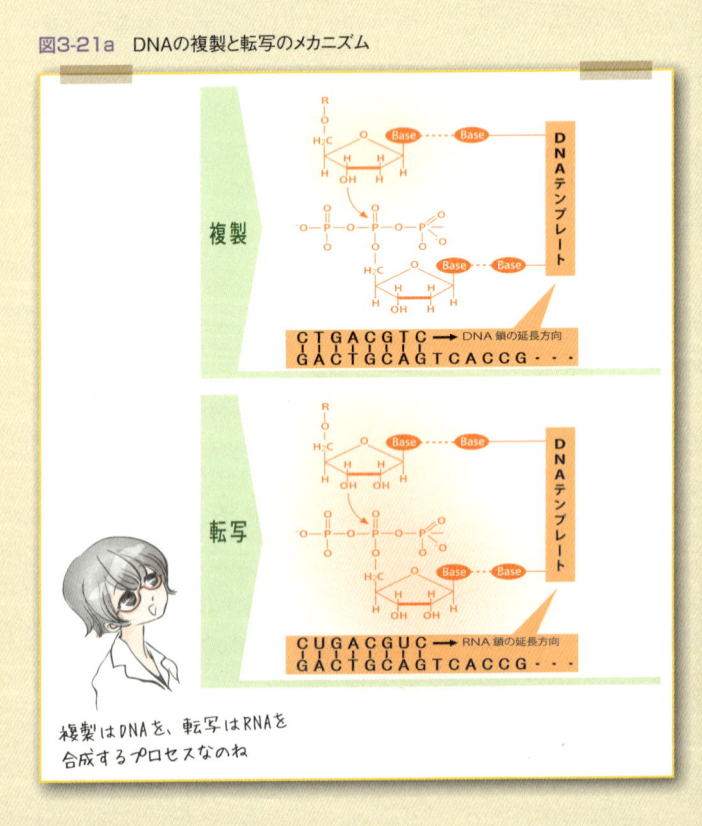

複製はDNAを、転写はRNAを合成するプロセスなのね

レースの反応が、DNAポリメレースの反応よりも10倍くらい遅いことがわかります。

　今度は酵素の量を比較してみましょう。DNAポリメレースは細胞1個あたり10分子しか存在しないのに対して、RNAポリメレースは3,000分子もあります。RNAポリメレースによる転写の反応は遅いのですが、たくさんの転写が細胞内で同時に起こっていることがわかります。

　つぎに、複製と転写の正確さを比べてみましょう。酵素が間違えた塩基を導入することを**エラー**といいます。RNAポリメレースがエラーを起こす頻度は、およそ10万回に1回の割合です。ところがDNAポリメレースのエラーの起こる頻度は極端に下がって、10～100億回に1回しかありません。

　なぜ、DNAポリメレースがこれほどの正確さをもつのでしょうか？　それは、転写にエラーが起きても、その代かぎりのことですが、DNAの複製にエラーが起これば、そのエラーがずっとつづくからです。したがって、転写よりも複製がより正確に行われなくてはなりません。

　これが、DNAポリメレースの精度が信じられないくらい高くなった原因です。

図3-21b　大腸菌のDNAポリメレースとRNAポリメレースの比較

	DNAポリメレースⅢ	RNAポリメレース
分子量	330,000	450,000
反応	DNA→DNA	DNA→RNA
テンプレート	DNA	DNA
反応の速さ	500～1000塩基/秒	50塩基/秒
酵素の量	10分子/細胞	3000分子/細胞
エラーの頻度	10～100億回に1回	10万回に1回

第4章

ヒト遺伝学の基礎

ここまでの解説で、ヒト遺伝子に関する基礎知識はひととおり身についたと思います。そこで本章では、ヒト遺伝子の中の働きに目を向け、複製や転写、翻訳などがどのように行われているのかを解説していきます。

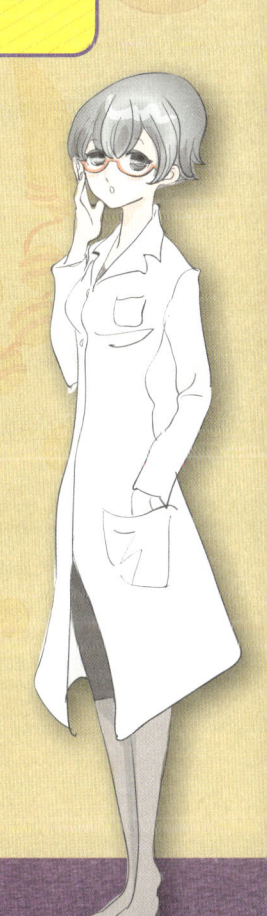

1 原核細胞と真核細胞の転写と翻訳

原核細胞と真核細胞の転写と翻訳をスケッチしました。

原核細胞の特徴は、核がなく、染色体がリング状になっていて、mRNAができるやいなや、リボソームに運ばれてタンパク質をつくるためのテンプレートとして働くことです（図4-1①）。

たとえばバクテリアでは、1つのmRNAの転写が行われている最中に、すでにできた部分のmRNAを使ってタンパク質の合成（翻訳）がリボソームの上で起こっているのです。まるでベルトコンベアーの上を流れる自動車の組み立て工場のようです。このように原核細胞では、転写と翻訳が一体になっています。

これとだいぶ様子が違うのが、真核細胞の転写や翻訳です（図4-1②）。真核細胞には、核があり、染色体が直線になっていることが原核細胞と異なっていますが、両者の違いはこれだけではありません。

真核細胞では、核の中で転写が起こり、mRNAができます。そしてmRNAが核の外にでていってから翻訳が行われるのです。

このように真核細胞では、転写と翻訳が異なった場所と時間に起こるので、そのぶんだけ原核細胞より複雑で多様になるのです。

真核細胞が原核細胞と異なるもう1つの特徴は、真核細胞では、未熟なmRNAが成熟したmRNAになるためにいくつかの加工を受けねばならないことです。この加工をプロセッシングといいます。

プロセッシングとしては、未成熟なmRNAにキャップ（異常塩基）がついたり、スプライシングと呼ばれる、不要な部分の切り取り作業があります。キャップやスプライシングについてはあとで

述べます。

プロセッシングを受けると、RNAはとても短くなります。成熟mRNAが未成熟mRNAの長さの10分の1くらいになってしまうことさえあります。

こうしてできた成熟mRNAの長さは、100塩基から5,000塩基の長さになります。真核細胞の転写は、原核細胞の転写に比べてはるかに複雑なことがわかります。

図4-1 原核細胞と真核細胞の転写と翻訳

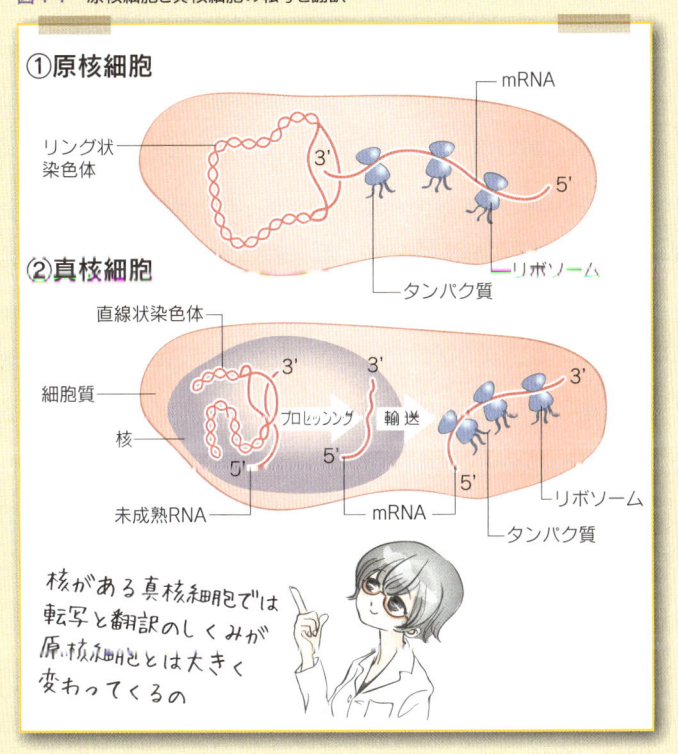

①原核細胞
- リング状染色体
- mRNA
- タンパク質
- リボソーム

②真核細胞
- 直線状染色体
- 細胞質
- 核
- 未成熟RNA
- プロセッシング
- 輸送
- mRNA
- リボソーム
- タンパク質

核がある真核細胞では転写と翻訳のしくみが原核細胞とは大きく変わってくるの

2　ヒト遺伝子の構造

　ヒト遺伝子のなかでも、タンパク質を指令する部分についてはかなりわかってきました。このようにしてわかってきたヒト遺伝子の構造をスケッチしました(図4-2)。

　プロモーターが転写のオンとオフをコントロールします。プロモーターにはAT塩基対が6つほど並んだTATA(タタ)ボックスがあり、ここにRNAポリメレースがドッキングします。

　プロモーターの上流(遺伝子の左側)にあるのがエンハンサーで、転写を著しく促進します(後述)。

　プロモーターの下流(遺伝子の右側)には転写の開始点があり、この地点からDNAがRNAに転写されます。キャップとは異常塩基のことです(後述)。

　DNAのなかでmRNAに転写される部分をエクソンと呼びます。エクソンは、成熟したRNAに転写され、タンパク質の合成を指令する塩基配列なのです。

　対照的にイントロンと呼ばれる塩基配列は、成熟したmRNAには転写されない領域をいいます。つまりイントロンはDNAでありながら、タンパク質を指令しません。このため、ジャンク(クズ)DNAなどと呼ぶ人もいます。

　イントロンは、エクソンとエクソンの間に入っています。じつはイントロンは、DNAからいったん未熟なmRNAへと転写されますが、成熟したmRNAへと成長する途中で捨てられてしまうのです。

　イントロンのさらに下流には、またエクソンがあります。エクソンの下流には、タンパク質の合成すなわち翻訳を終わらせるス

トップコドンがあります。そのさらに下流には、AATAAAという6つの塩基が並びます。このAATAAAという配列の役割は、RNAに転写されたAAUAAAのあとに、ポリAと呼ばれるたくさんのアデニンをRNAにつなげるための目印です。

ところで、ヒト遺伝子の転写には3種類の酵素、RNAポリメレース（Ⅰ、Ⅱ、Ⅲ）が働いています。それから、タンパク質をつくる工場がリボソームですが、その建材として120塩基、1,500塩基、2,900塩基の3つのリボソームRNA（rRNA）があります。

RNAポリメレースⅠは、すべてのrRNAを合成します。RNAポリメレースⅡは転写の主役で、タンパク質を指令する構造遺伝子をコピーします。RNAポリメレースⅢは、リボソームRNAの中でも小さな120塩基と80塩基のtRNAをつくります。

このように、3つのRNAポリメレースが転写を担当しています。

図4-2 ヒト遺伝子の構造

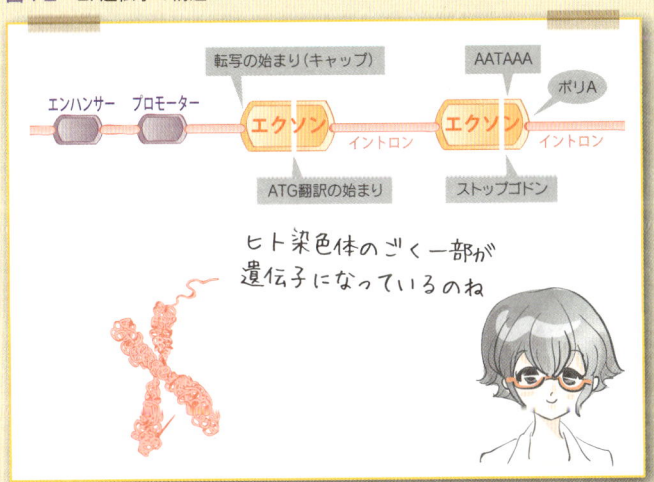

3 RNAのプロセッシング

　真核細胞に独特なのが**プロセッシング**です（118ページ参照）。スケッチを見ながら説明します（図4-3）。

　核の中では、DNAのエクソンもイントロンもいったん転写され、かなり長い未成熟なmRNAができます。この未成熟なmRNAは、そのままの形ではタンパク質の合成には使えません。長すぎるからです。このためにプロセッシングがあります。長くて未成熟のmRNAを切断し、必要でない部分を捨ててしまい、短い成熟したmRNAにするのです。

　mRNAは、細胞が生きるために必要なタンパク質を指令しなければなりません。したがって、未成熟なmRNAのどこからどこまでを切り取ったり、またつないだりすべきなのかを知るだけではなく、なんらかのしくみによって、これを実行しなければならないのです。

　プロセッシングの第1段階は、RNAに200個くらいのアデニンをつけることです。これを**ポリAテイル**（尻尾）と呼びます。ポリAテイルの役割はわかっていません。

　第2段階では、**キャップ**（帽子）と呼ばれる異常な塩基が、未成熟なmRNAにくっつきます。キャップは、翻訳の際にmRNAをリボソームにドッキングさせます。

　そして第3段階が、RNAを切ったり貼ったりする**スプライシング**です。スプライシングでは、RNAの上に飛び飛びに存在するエクソン（タンパク質を指令している）をイントロン（タンパク質を指令していない）から切りだします。それもたんにエクソンを切りだすだけではありません。機能するタンパク質を指令するように、

第4章 ヒト遺伝学の基礎

エクソン1、2、3をうまくつなぎ合わせるのです。

驚くべきことです。なぜなら、DNAと同じようにRNAもまた、塩基がずらずらと並んでいるだけだからです。このスプライシングのしくみも、いまでは分子レベルで解明されています（後述）。

こうして成熟したmRNAができました。ここまでが核の中で起こることです。つぎにmRNAは核から細胞質へとでていき、リボソームの上でタンパク質を合成するテンプレートとして働きます。

図4-3 ヒト遺伝子の転写と翻訳

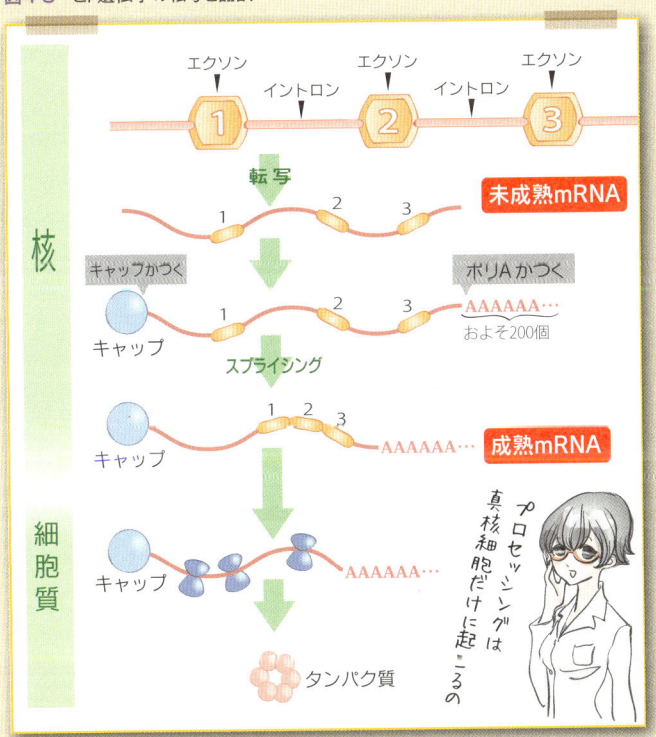

プロセッシングは真核細胞だけに起こるの

4 転写の終わりとポリAテイル

　大腸菌などの原核細胞における転写は、2つのGCリッチ領域のあとにATリッチ領域がきても、ρタンパク質が一本鎖のmRNAにドッキングしても終了します（110ページ参照）。ところが真核細胞における転写の終わりは、こうではありません。

　たとえば原核細胞では、AATAAAという配列があれば転写が終了します。ところが真核細胞では、RNAポリメレースがこの配列の箇所を1回か2回通りすぎても、転写がさらにその先まで進むのです。

　スケッチを見ながら説明します（図4-4）。真核細胞の転写もいつかは終わります。それは、RNAポリメレースが何回かAATAAAという配列にでくわしたときです。だから転写が終わったばかりの未成熟mRNAでは、AAUAAAという配列になっています。

　そしてエンドヌクレエースが、未成熟mRNAの中にあるAAUAAAという配列をすばやく見つけて近づいてきます。

　エンドヌクレエースがどのようにしてAAUAAAを確認するのかは、まだわかりません。しくみはともかく、エンドヌクレエースが未成熟のmRNAにくっついて、AAUAAAの配列から11～30塩基ほど下流のところでRNAを切断するのです。

　この切断が終わると、別の酵素がやってきて、切断した場所にたくさんのアデニンをくっつけます。アデニンは、多いものでは200個に達します。

　しかし、なぜmRNAにたくさんのアデニンがつくのかは、わかっていません。ポリAは、タンパク質の合成に必要なのでしょうか？　ヒストンをつくるためのmRNAにはポリAがついていませ

第4章　ヒト遺伝学の基礎

ん。だから、ポリAがなくてもタンパク質の合成に問題はないはずです。

　RNAに関するもう1つの加工は、キャップ（帽子）がつくことです。キャップとは、グアニンに炭素が1つ余計にくっついたものが逆立ちして、未成熟mRNAにくっついたものです。キャップはグアニンが逆立ちしているのでとても目立ちます。

図4-4　ヒトの遺伝子の転写の終わりとポリA、キャップ

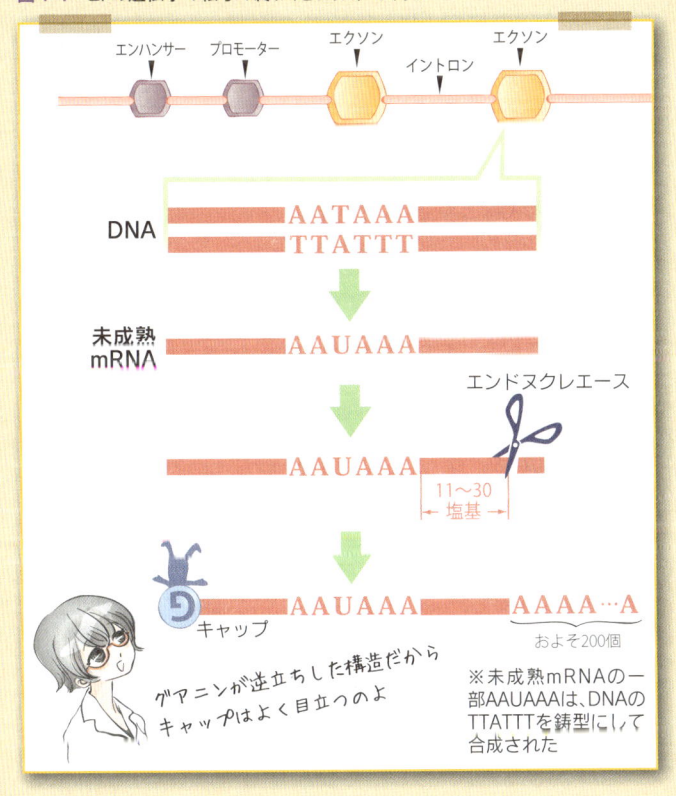

エンハンサー　プロモーター　エクソン　イントロン　エクソン

DNA
AATAAA
TTATTT

未成熟mRNA
AAUAAA

エンドヌクレアーゼ

AAUAAA　11～30塩基

キャップ　AAUAAA　AAAA…A
およそ200個

グアニンが逆立ちした構造だからキャップはよく目立つのよ

※未成熟mRNAの一部AAUAAAは、DNAのTTATTTを鋳型にして合成された

125

5　エクソンとエクソンをつなぐスプライシング

　ヒト遺伝子がスプライシングを受けることで、mRNAができることを述べました。もしスプライシングが正確に起こらないと、mRNAの読み枠がずれてしまいます。こうなっては、機能しないタンパク質ができてくることになります。

　スプライシングはどんなしくみで起こるのでしょうか？

　イントロンがエクソン1とエクソン2の間に入っているとします（図4-5a）。エクソン1とイントロンのつなぎめには、AGGUAAGUという配列があります。この8つの塩基の最初のAGのすぐあとに酵素によるハサミが入り、・・・AGとGUAAGU・・・とに切断されます。

　イントロンには、ブランチと呼ばれる7つか8つの塩基があります。ブランチの真ん中くらいにアデニンがあります。

　真核生物のなかでも下等なイーストでは、イントロンの中のブ

図4-5a　スプライシングのコンセンサス配列

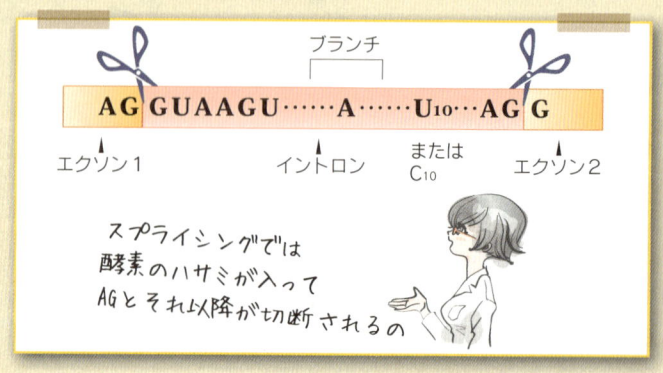

AG GUAAGU……A……U$_{10}$…AG G

エクソン1　　イントロン　　または C$_{10}$　　エクソン2

ブランチ

スプライシングでは酵素のハサミが入ってAGとそれ以降が切断されるの

第4章 ヒト遺伝学の基礎

ランチの配列がUACUAACに決まっています。それに対してヒトのブランチの塩基配列は、一定ではありません。

イントロンのさらに下流には、UまたはCが10個並んでおり、いちばん最後の配列がAGです。

スプライシングの詳細も解明されています（図4-5b）。未成熟なmRNAのエクソン1が折れ曲がり、ブランチの部分と塩基対をつ

図4-5b　スプライシングのメカニズム（◯は塩基を表す）

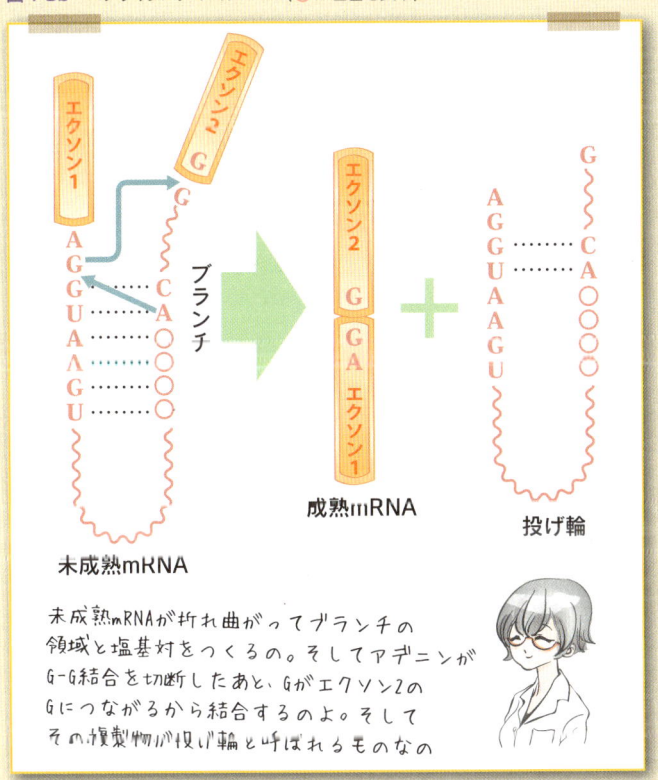

未成熟mRNAが折れ曲がってブランチの領域と塩基対をつくるの。そしてアデニンがG-G結合を切断したあと、Gがエクソン2のGにつながるから結合するのよ。そしてその複製物が投げ輪と呼ばれるものなの

127

くります。そしてアデニンが向かい側にあるグアニンを切断して、エクソン1を切り離します。切り離されたエクソン1のグアニンが、エクソン2とつながるのです。こうしてエクソン1がエクソン2とつながったわけです。

なお、「投げ輪」構造という副生成物も確認されています。

6　RNAが触媒として働く！

「生体における触媒はタンパク質である」というのは、生化学の常識です。ひと昔前まで、これに異議を唱えようものなら、「バカモン、落第！」と叱られてもやむをえませんでした。

でも、この常識がコロラド大学のトーマス・チェックによるセルフ（自己）スプライシングの発見によって破られました。セルフスプライシングとは、RNAが触媒として働くことをいいます。RNAが自分自身を切断することで、成熟したRNAができるのです。多くの科学者はビックリ仰天しました。

チェックは、タンパク質と同様に、RNAも触媒として働くことを証明した功績により、1989年度のノーベル化学賞を受賞しました。

いまでは、セルフスプライシング、つまり触媒作用をもつRNAのことをリボザイムと呼びます（図4-6）。リボザイムは、リボ核酸とエンザイム（酵素）の合成語です。リボザイムは塩基の種類を自由に選択できるので、特定の遺伝子の働きを止めることもできます。その方法は、ある特定の遺伝子にリボザイムをドッキングさせて、その遺伝子を切断すればよいのです。

それでは、チェックの研究を紹介します。1981年、彼は、原生動物の一種であるテトラヒメナのrRNA（リボソームRNA）を使っ

第4章　ヒト遺伝学の基礎

て、スプライシングの研究をしていました。

　当時、スプライシングには酵素が必要だと考えられていました。そこでスプライシングが起こるのに、どんなタンパク質が必要なのかを見つけようとしていたのです。もし実験系の中に特定のタンパク質を入れたときだけスプライシングが起これば、そのタンパク質がおそらく探している酵素です。

図4-6　セルフスプライシングのメカニズム

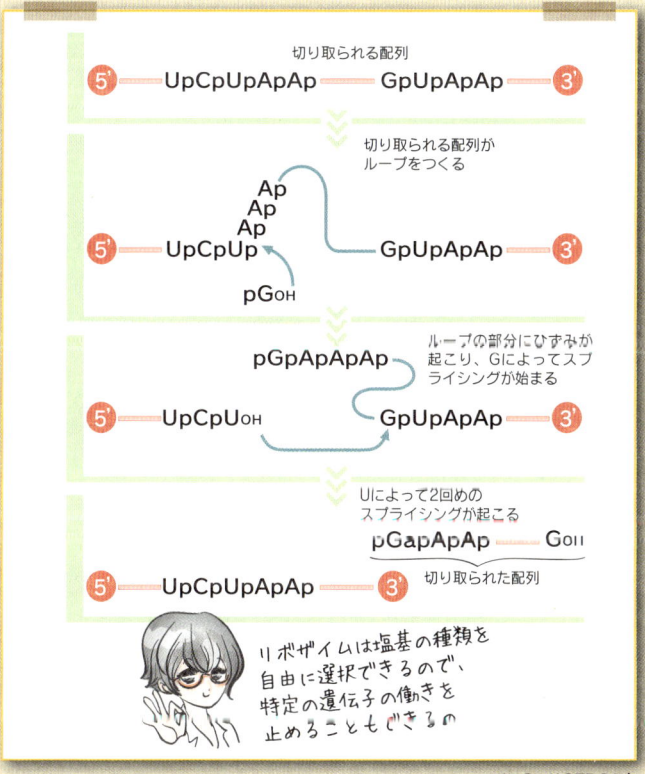

切り取られる配列
5'— UpCpUpApAp — GpUpApAp — 3'

切り取られる配列がループをつくる
5'— UpCpUp — GpUpApAp — 3'
Ap Ap Ap
pG_OH

ループの部分にひずみが起こり、Gによってスプライシングが始まる
pGpApApAp
5'— UpCpU_OH — GpUpApAp — 3'

Uによって2回めのスプライシングが起こる
pGapApAp — G_OH
切り取られた配列
5'— UpCpUpApAp — 3'

リボザイムは塩基の種類を自由に選択できるので、特定の遺伝子の働きを止めることもできるの

※pG_OHはGTPのこと

科学の実験には、コントロール実験がかならずあります。この場合は、試験管の中に長いRNAとグアニンが入っていて、タンパク質が入っていないシステムで、コントロール実験が行われました。もしスプライシングにタンパク質が必要なら、この条件ではスプライシングが起きないはずです。

　ところが驚いたことに、コントロール実験の試験管の中で、スプライシングが起きました。なぜ、グアニンを試験管に入れておいたのかというと、酵素反応はエネルギー源としてATPやGTPを使うことが多いからです。このため、GTPを入れておいたのです。

　それではGTPのかわりにATPを入れておいたら、セルフスプライシングが起きたのでしょうか？　結果は、ATPではセルフスプライシングが起きません。すなわち、グアニンがエクソンとイントロンの間にある塩基と水素結合（塩基対）をつくり、つぎにリン酸ジエステル結合が切断されたのです。

　この発見によって、生体における触媒はタンパク質という常識が破られたのでした。

？ エンハンサーとホルモンの働き

　真核細胞やこれに感染するウイルスは、転写を1,000倍も増加させる特別な塩基配列をもっています。この塩基配列のことをエンハンサーといい、短いエンハンサーは72塩基対からできています。

　エンハンサーはプロモーターの上流または下流、また近いとか遠いとかにまったく関係なく、DNAのどこにあっても転写を促進します。驚くことに、エンハンサーがプロモーターから3,000塩基対も離れていたとしても、転写が格段に増加するのです。

第4章 ヒト遺伝学の基礎

　エンハンサーの特徴は、ある特定の細胞でのみ働くことです。たとえば、免疫グロブリンのエンハンサーは抗体をつくるBリンパ球で転写を促進しますが、ほかの細胞では活動しません。

　エンハンサーの働くしくみは注目の的なのですが、いまだになぞは多く残っています。それでも糖質コルチコイドの働きとエンハンサーの役割については、かなり明らかになっているので、ここで紹介しましょう。

　エンハンサーの役割をスケッチしました（図4-7）。プロモーターから1,000塩基対ほど上流にエンハンサーがあり、下流に構造遺

図4-7　エンハンサー配列の働き

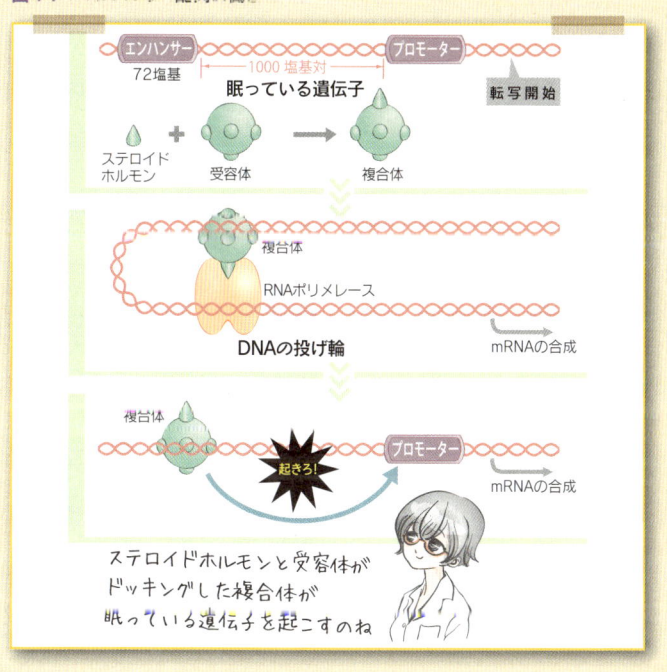

ステロイドホルモンと受容体がドッキングした複合体が眠っている遺伝子を起こすのね

伝子があります。この遺伝子にはプロモーターと構造遺伝子がありますが、転写は起こりません。じつは、この遺伝子は眠っているのです。

しかしステロイドホルモンを加えると、この遺伝子が目を覚まし、転写が始まるのです。そのしくみはこうです。

まずステロイドホルモンが受容体にドッキングし、複合体ができます。この複合体がエンハンサーにドッキングすると、プロモーターが活性化して転写が起こるのです。エンハンサーはプロモーターから1,000塩基対も離れていますが、それなのに、転写が促進されるのは、なぜなのでしょうか？

RNAのスプライシングのしくみで、RNAが折れ曲がり、「投げ輪」構造になったことを思いだしてください。投げ輪構造なら、遠くにあるものも近くになります。

それによって、レセプター複合体にドッキングしたエンハンサーがプロモーターに接近し、転写を活性化すると考えられているのです。

8 「飲める」「飲めない」は遺伝子で決まる

大学や会社、地域では、さまざまな催しやパーティーがあります。たとえば、営業活動の商談がまとまって「ごくろうさん」、会社のミーティングが無事にすんで「ちょっと、1杯」、それから1つの仕事が終わって「よくがんばってくれたね。ありがとう」と感謝の意味を表現する際に、アルコールは役に立っているようです。

そんな人間関係の円滑化に大きな役割をはたしているアルコールですが、飲んですぐに顔が真っ赤になる人と、かなり飲んでも顔に現れない人がいます。

第4章 ヒト遺伝学の基礎

　顔がすぐに真っ赤になる人をフラッシャーといいます。東洋人では、フラッシャーは全人口に対して40％ほどもいるのですが、白人や黒人では、100人に1人もいません。このようにアルコールの代謝に関しては、人種差が明らかです。

　お酒を飲んだとしましょう。お酒の中のアルコールは、胃や腸で吸収されて肝臓に運ばれます。生体に入ったアルコールの運命をスケッチしました（図4-8）。

　肝臓に運ばれたアルコールは、酵素によって酸化されます。この反応の80％がADH（アルコール脱水素酵素）-ALDH（アルデヒド脱水素酵素）システムで行われ、残りの20％がミクロソーム内エタノール酸化酵素（MEOS）で行われます。

　ADH-ALDHシステムには2つのステップがあります。最初は、アルコールがADHによってアセトアルデヒドに酸化される反応です。つぎは、アセトアルデヒドがALDHによって酢酸に酸化される反応です。二日酔いによる気持ちの悪さは、体内に蓄積したア

図4-8　アルコールの代謝

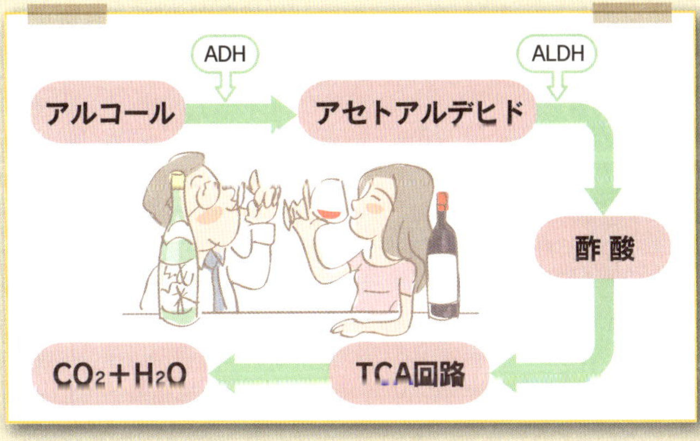

アルコール →(ADH)→ アセトアルデヒド →(ALDH)→ 酢酸 → TCA回路 → $CO_2 + H_2O$

セトアルデヒドが原因です。

　さて、酢酸はTCA（トリカルボン酸）回路に入り、さらに酸化され、最終的に水と二酸化炭素になります。

　それでは、「酒に強い」「酒に弱い」の違いはなんでしょうか？　日本人の85％が十分に働くADHをもっています。一方、ALDHには1型と2型があります。ALDH1型は、アセトアルデヒドの濃度がある一定以上になって初めて働くので、酸化の効率が低いのです。ALDH2はアセトアルデヒドを効率よく分解します。ところが、日本人のおよそ50％がALDH2型をもっていないのです。

　以上をまとめてみましょう。アルコール代謝の80％を担っているADH-ADLHシステムは遺伝で決まっているので、訓練しても酵素の量は増えません。一方、アルコール代謝の残りの20％を担うMEOSは訓練によって活性化されます。

　したがって、訓練すればだれもが、ある程度は飲めるようになります。しかし訓練によって飲めるようになったとしても、アルコールの代謝量のおよそ20％の部分を上昇させたにすぎないのです。

　人は、それぞれ才能も体質も性格も違うように、お酒の強さも違います。この違いを自覚し、「酒を飲むように」と決して強要しないことが重要です。この違いを自覚すれば「イッキ飲み」をしないはずです。

9　翻訳の開始と延長

　mRNAの情報にしたがってタンパク質ができるプロセスを翻訳といいます。翻訳は、タンパク質の組み立て工場であるリボソームで行われます。このリボソームには、tRNAがドッキングするためのサイトが2カ所あります。

第4章　ヒト遺伝学の基礎

翻訳には開始、延長、終了の3つのプロセスがあります。これをスケッチしました（図4-9）。

図4-9　リボソーム上でのタンパク質の合成

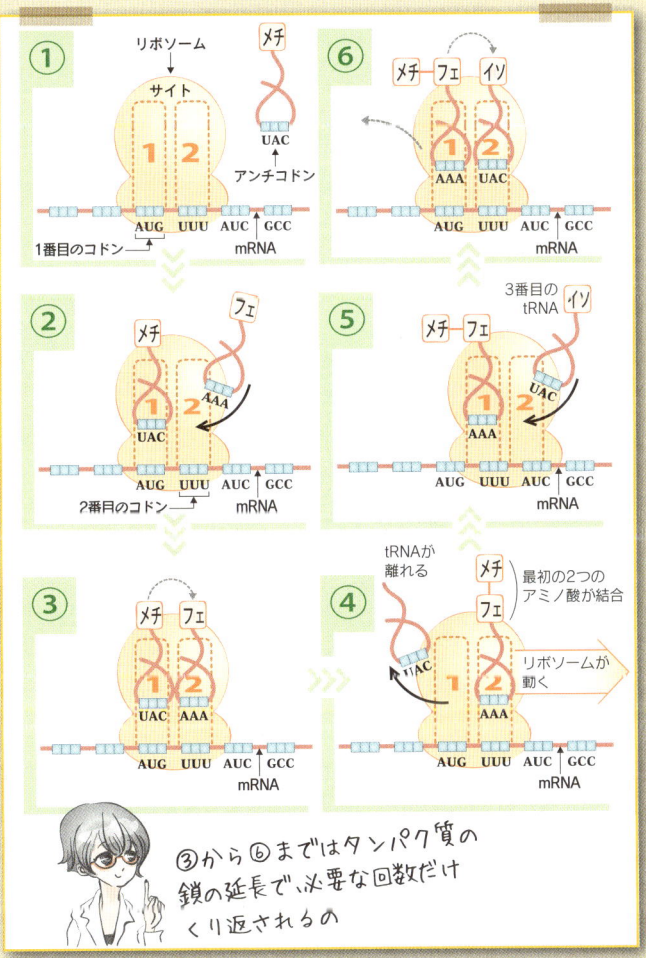

③から⑥まではタンパク質の鎖の延長で、必要な回数だけくり返されるの

※メチ（Met）、フェ（Phe）、イソ（Ile）

135

①翻訳は、mRNAがリボソームにドッキングすることで始まります。1番目のコドンAUGは、メチオニンを運ぶtRNAのアンチコドンUACと塩基対をつくります。

②2番目のコドンUUUは、フェニルアラニンを運ぶtRNAと塩基対をつくり、リボソームにドッキングします。

③リボソームの上で隣同士になったメチオニンとフェニルアラニンがつながります。

④そしてメチオニンを運んでいたtRNAが、リボソームから離れます。リボソームはmRNAにそって移動すると同時に、2つのアミノ酸がついたtRNAがサイト1に移動します。これによって、

⑤サイト2に3番目のアミノ酸イソロイシンを運ぶtRNAがドッキングしようとしています。

⑥メチオニン、フェニルアラニンという2つのアミノ酸が、隣にいる3番目のアミノ酸につながります。

　③から⑥のプロセスでタンパク質の鎖がどんどん伸びるのです。このプロセスが最後のアミノ酸を指令するコドンまでくり返されます。

10 翻訳の終了

　最後のアミノ酸のコドンのつぎには、タンパク質の合成を終わらせるためのストップコドンがきます。

　ストップコドンに対応するのはtRNAではありません。これには、リリースファクター（RF）という特別なタンパク質が用意されています。RFがサイト2に入ると、完成したタンパク質とtRNAがリボソームから離れ、リボソーム自体も大小2つのパーツに分解します。

第4章　ヒト遺伝学の基礎

　リボソームは、3つのrRNA（2,900塩基、1,500塩基、120塩基）と55種類のリボソームタンパク質からできています。完成したリボソームは、大小2つのサブユニットからできています。

　スケッチを見てください（図4-10）。リボソームがmRNAの指令するすべてのアミノ酸をつなぎ、翻訳を終えようとしている瞬間です。リボソームは、3つの塩基からなるコドンを読み取りながらmRNAの上を動きます。この様子は、レールの上を駆け抜ける

図4-10　タンパク質の合成の終わり

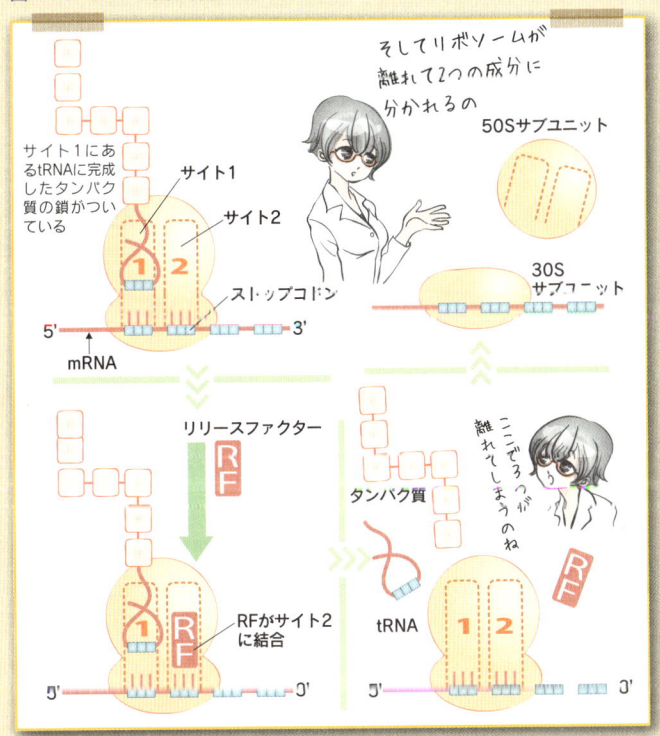

電車を思い浮かべるとよいでしょう。リボソームという電車が、mRNAというレールの上を高速で走り抜けるのです。

リボソームがmRNAの上を走るにしたがい、タンパク質の鎖が伸び、そしてmRNAのストップコドンまできて、タンパク質の合成が終わります。つぎに、リボソームが2つのサブユニットに分解し、mRNAから離れます。こうして翻訳が終了します。

翻訳は迅速なプロセスです。大腸菌は、300個のアミノ酸からなるタンパク質を20秒でつくります。すなわちリボソームは、1秒間に15個のアミノ酸をつなぐのです。それには、1秒間に15個のコドン、45個の塩基を移動しなければなりません。

1つの細胞で、どれほどのタンパク質がつくられているのでしょうか？　もし、細胞内に20,000個のリボソームがあるとすると、1秒間に1,000個のタンパク質がつくられていることになります。翻訳がいかに高速で行われているかわかります。

リボソームがタンパク質の組み立てを迅速かつ正確に行ってくれるおかげで、わたしたちは健康に生きられるのです。

11　長いDNAが梱包されたクロマチン

真核細胞には長いDNAが存在します。これが小さな核の中にコンパクトに詰まっています。まず、DNAはどのように梱包されているのでしょうか？　それから、梱包されたDNAの転写はどのようにして起こるのでしょうか？

DNAの梱包については、ある程度わかっていますが、選択的な転写のしくみはまだわかりません。ここでは、DNAが細胞の中でどのように折りたたまれて存在しているかを説明します。

ヒトの体細胞は2倍体なので、それぞれの細胞の核の中に60億

第4章 ヒト遺伝学の基礎

もの塩基対が入っています。このDNAをまっすぐに伸ばすと、2メートルにも達します。つまり、直径が2ナノメートル、長さ2メートルの糸が、10マイクロメートル（100分の1ミリ）以下の核に収まっているのです。

理解しやすくするために、核を直径1センチのボールの大きさにたとえてみます。すると、この中に直径500分の1ミリで、長さが2キロの糸が詰まっていることになります。この長いDNAは、ヒストンというタンパク質をぐるぐる巻いた糸巻きのようになることで、コンパクトに梱包されています。この梱包のことを**クロマチン**といいます。

クロマチンをつくる1つのユニットを**ヌクレオソーム**といいます（図4-11a）。ヌクレオソームをつくるのは、ヒストンタンパク質とDNAです。H2A、H2B、H3、H4の4種類のヒストンタンパク質が2個ずつ、合計8個集まり、**ヒストンオクタマー**を形成します。なおオクタは8を意味します。

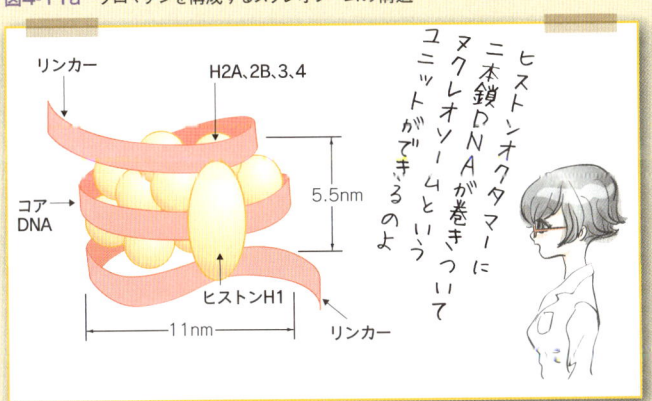

図4-11a　クロマチンを構成するヌクレオソームの構造

ヒストンオクタマーに二本鎖DNAが巻きついてヌクレオソームというユニットができるのよ

ヒストンオクタマーに146塩基対のDNAが巻きついて、ヌクレオソームというユニットができます。ヒストンタンパク質が強い塩基性のため、生体ではプラスに荷電し、一方、DNAがマイナスに荷電しているため、両者は非常に強く引き合うのです。

　たくさんのヌクレオソームが集まって非凝縮クロマチンを構成する様子をスケッチしました（図4-11b）。ヌクレオソーム同士がさらに密に詰まると凝縮クロマチンになります。これが本書の最初の図に示した構造で、長いDNAが小さな核の中に見事に収まっている秘密です。

図4-11b　クロマチン構造のくわしい様子

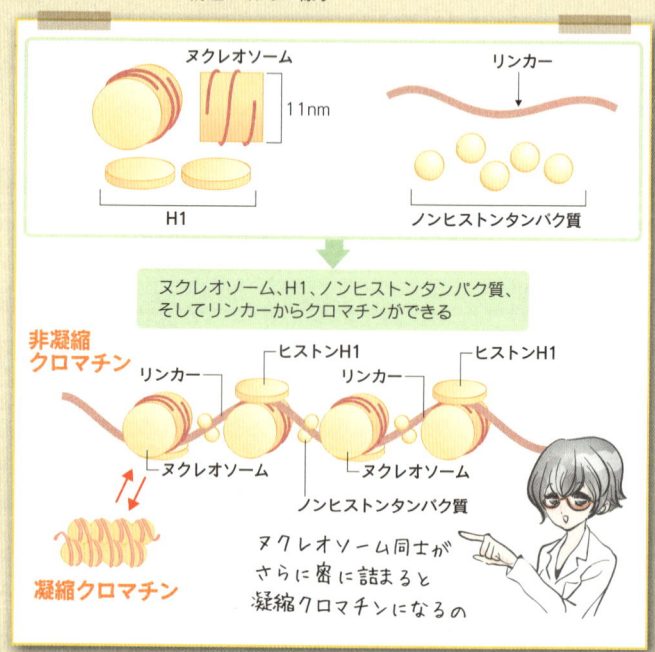

ヌクレオソーム　11nm　リンカー
H1　ノンヒストンタンパク質

ヌクレオソーム、H1、ノンヒストンタンパク質、そしてリンカーからクロマチンができる

非凝縮クロマチン
リンカー　ヒストンH1　リンカー　ヒストンH1
ヌクレオソーム　ヌクレオソーム
ノンヒストンタンパク質

凝縮クロマチン

ヌクレオソーム同士がさらに密に詰まると凝縮クロマチンになるの

第 5 章

遺伝性疾患と遺伝子診断

ヒトがかかる病気のうち、内因性の病気は遺伝的な要因が大きいことがわかっています。ここでは遺伝子がかかわる病気、すなわち遺伝性疾患について知るとともに、遺伝子診断がどのように行われているかを学びましょう。

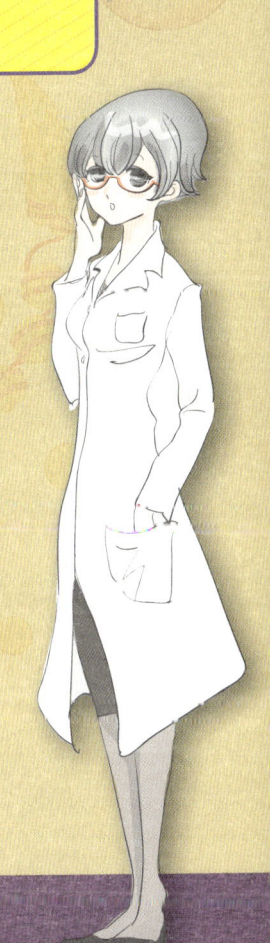

1 病気、いま、むかし

むかしから、人類は病気と戦ってきました。でも、時が進むにつれ、病気の種類も変わってきました。

むかしの病気は、バクテリアやウイルスといった病原体がヒト、動物、植物に感染することによって発生するものが中心でした。おもな感染症は、ポリオ、ペスト、コレラ、結核などです。

たとえば、ポリオはポリオウイルスによって、ペストはペスト菌によって、そしてコレラは、コレラ菌によって発症します。病原体は小さいため肉眼では見えませんが、光学顕微鏡や電子顕微鏡を使えば十分に見ることができます。

いまでも開発途上国では、感染症が死亡のおもな原因です。しかし、感染症に対しては原因がはっきりわかっているので、対策を整えやすいのです（図5-1a）。

図5-1a　ヒトと感染症の戦い

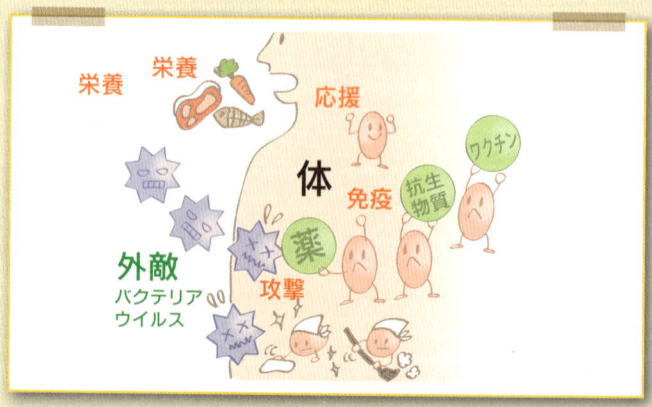

第5章　遺伝性疾患と遺伝子診断

　一方、先進諸国では、病気に関して開発途上国とかなり様子が異なります。両者で異なる点はつぎのとおりです。
①先進諸国では衛生環境が著しく改善した
②先進諸国では食事の栄養価が高まった
③先進諸国では抗生物質やワクチンなどの医療技術が向上した
　①により、病原体が住みにくくなりました。②により、体の免疫系が元気になり、侵入してくる病原体をやっつけることができます。さらに③によって、病原体を攻撃する強力な武器が準備されています。

　その証拠に先進諸国では、これらの感染症を引き起こす有害なバクテリアが姿を消しました。このように現代医学は、感染症による病気には大きな成果を上げています。

　これと対照的なのが、原因が体の内部にある内因性の病気です (図5-1b)。その代表が、糖尿病、がん、心臓病、肥満、アレルギー、自己免疫疾患などです。

図5-1b　ヒトと内因性の病気

内因性の病気の特徴は、遺伝的な要因が大きいことです。これらの病気はおもに、染色体になんらかの異常が起こる、あるいは親から子に伝わる遺伝子にミススペリング(変異)が生じることが原因となっているのです。

　多くの遺伝性疾患は先天性(生まれたときにすでにあること)です。しかし遺伝性と先天性は、同じ意味ではありません。実際に、たくさんの遺伝性疾患は、生まれたときには症状を示しませんが、成人してから発病するのです。さきほどあげた内因性の病気がそうです。また、先天性異常だからといって、かならずしも遺伝によるものではありません。

　遺伝性疾患が現れるしくみは、ある程度わかるようになってきました。本章では、これらについて説明しましょう。

2　遺伝性疾患は遺伝子の欠陥で起こる

遺伝性疾患と遺伝子の関係を整理してみます。

　まず遺伝子の役割から。タンパク質は、遺伝子(DNA)の塩基配列にしたがってつくられます。遺伝子さえ正常であれば、正しく働くタンパク質ができるのです。

　つくられたタンパク質は、ホルモンとして働いたり、栄養素を運んだり、あるいは酵素となって生体内の化学反応をコントロールします。

　たとえば、インスリンはホルモンとして血液中のブドウ糖レベルをコントロールします。このコントロールを失えば、糖尿病になります。また、成長ホルモンの分泌が過剰になれば、末端肥大症になります。かといって成長ホルモンの分泌が少なすぎても、小人症になります。

また、あるタンパク質は生体に必要な物質を運びます。その代表が、血液に含まれる赤色のタンパク質ヘモグロビンで、酸素を体のすべての組織に運びます。この様子をスケッチしました（図5-2a）。

たとえば、血液が肺を回るときには、ヘモグロビンは酸素を捕まえます。ところが血液が体を回るときは、ヘモグロビンはそれまで捕まえていた酸素をそれぞれの組織に与えるのです。一方では、ヘモグロビンはそれぞれの組織で二酸化炭素を捕まえて肺に運びます。いかにヘモグロビンが重要か、わかるでしょう。

酵素として働くタンパク質は、あまりにたくさんあります。たとえば、コレステロールの合成と分解にはいくつもの酵素がかか

図5-2a　ヘモグロビンの働き

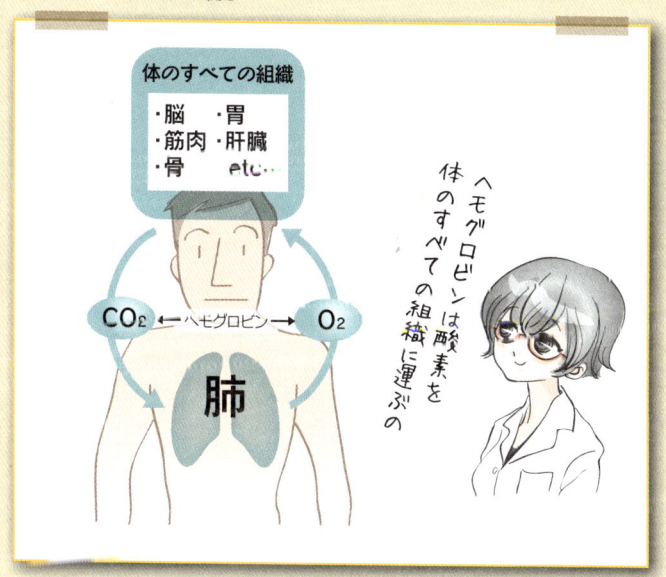

体のすべての組織
・脳　・胃
・筋肉　・肝臓
・骨　　etc…

CO_2 ← ヘモグロビン → O_2

肺

ヘモグロビンは酸素を体のすべての組織に運ぶの

わっています。このうち1つの酵素に異常が起これば、血液の中にコレステロールが過剰に蓄積する、あるいは不足してホルモンの合成に支障がでてしまいます。

今度はスケッチを見てください（図5-2b）。正常であるべき遺伝子に変異が起こりました。具体的には、DNAの塩基配列に書き間違いや、写し間違い、または破損などが起こったのです。変異のある遺伝子からは、正常に働くタンパク質ができません。そのかわり異常なタンパク質ができてしまいます。異常なタンパク質では、生体の化学反応が順調に進まないので、病気になります。

遺伝性疾患にならないためのポイントは、遺伝子に欠陥がないことなのです。

図5-2b　健常と異常のタンパク質

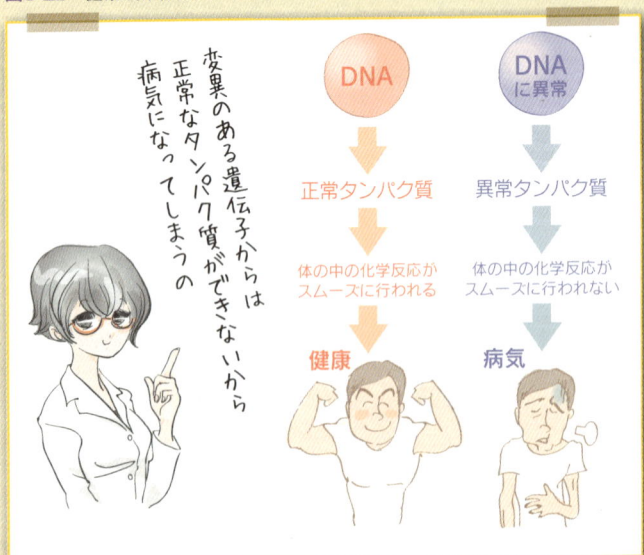

第5章 遺伝性疾患と遺伝子診断

3 遺伝子の変異で病気になる

　遺伝子に起こる変異が、どのようにしてタンパク質に異常をもたらすのでしょうか。

　塩基配列がA、B、C、D…OというDNA、この配列に対応するタンパク質をスケッチしました（図5-3a）。タンパク質の中のアミノ酸は、aa1、aa2、aa3、aa4、aa5と表現しました。つまり、ABCはaa1、DEFはaa2、GHIはaa3、JKLはaa4、MNOはaa5を指令しています。もちろん、このタンパク質は正常に働きます。この正常な塩基配列に、つぎのような3種類の変異が起こったと

図5-3　遺伝子の欠陥と異常タンパク質の関係

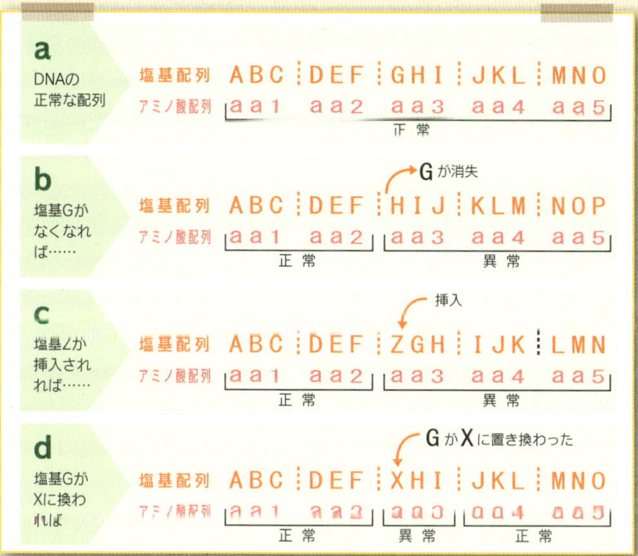

a DNAの正常な配列
- 塩基配列：ABC｜DEF｜GHI｜JKL｜MNO
- アミノ酸配列：aa1　aa2　aa3　aa4　aa5（正常）

b 塩基Gがなくなれば……（Gが消失）
- 塩基配列：ABC｜DEF｜HIJ｜KLM｜NOP
- アミノ酸配列：aa1　aa2（正常）　aa3　aa4　aa5（異常）

c 塩基Zが挿入されれば……（挿入）
- 塩基配列：ABC｜DEF｜ZGH｜IJK｜LMN
- アミノ酸配列：aa1　aa2（正常）　aa3　aa4　aa5（異常）

d 塩基GがXに換わshe……（GがXに置き換わった）
- 塩基配列：ABC｜DEF｜XHI｜JKL｜MNO
- アミノ酸配列：aa1　aa2（正常）　aa3（異常）　aa4　aa5（正常）

147

します。

　塩基Gが傷害を受けて損失しました（図5-3b）。さて、タンパク質はどんな影響を受けるのでしょうか？　ABCはaa1、DEFはaa2を指令します。ここまでは正常です。ところが、Gの損失によって、読み枠がずれてしまいました。本来なら、GHIがaa3を指令していましたが、いまではHIJがaa3を指令するのです。そして、読み枠のずれが生じた地点からあとのアミノ酸は、すべて間違ったアミノ酸になります。

　塩基が損失しないかわりに、塩基ZがFとGの間に挿入されてしまうものもあります（図5-3c）。この場合も、最初の2つのアミノ酸、aa1、aa2は正常ですが、読み枠のずれが起こり、aa3以下すべてのアミノ酸に間違いが起こりました。図5-3bと図5-3cのような変異をフレーム・シフトミューテーションといいます。

　1個の塩基が、ほかの塩基に置き換わる変異もあります（図5-3d）。塩基GがXに置き換わりました。本来、3番目のアミノ酸（aa3）はGHIが指令していましたが、XHIに変わったのです。この変異は読み枠にくるいを生じませんから、1つのアミノ酸だけの変化でポイント・ミューテーションといいます。

　1つのタンパク質には100個から200個のアミノ酸が並んでいます。そのうちの1つのアミノ酸に間違いがあってもたいしたことはない、と思いたいのですが、じつはそうではありません。たいへん重い病気になることが多いのです。

4　赤ちゃんの脳が危ない、フェニルケトン尿症

　酵素が正常に働かないために起こる病気は、たくさんあります。その代表がフェニルケトン尿症です。フェニルアラニンというア

ミノ酸がうまく分解されないために起こる病気で、放っておけば重い知能障害になります。この病気の患者の半数が20歳までに死亡し、4分の3が30歳までに死亡します。

フェニルアラニンの生体での運命をスケッチしました（図5-4）。フェニルアラニンには、亀の甲羅に似たベンゼン環がついています。このベンゼン環に酸素を1つ加え、チロシンというアミノ酸に変えなくてはなりません。じつは、実験室でベンゼン環に酸素をつけるのは容易ではありません。ところが、酵素はこんな難しいことを空気中の酸素を使って、やすやすとやってのけます。この酵素がフェニルアラニン水酸化酵素です。この酵素が正常なヒトで

図5-4　フェニルアラニンの代謝

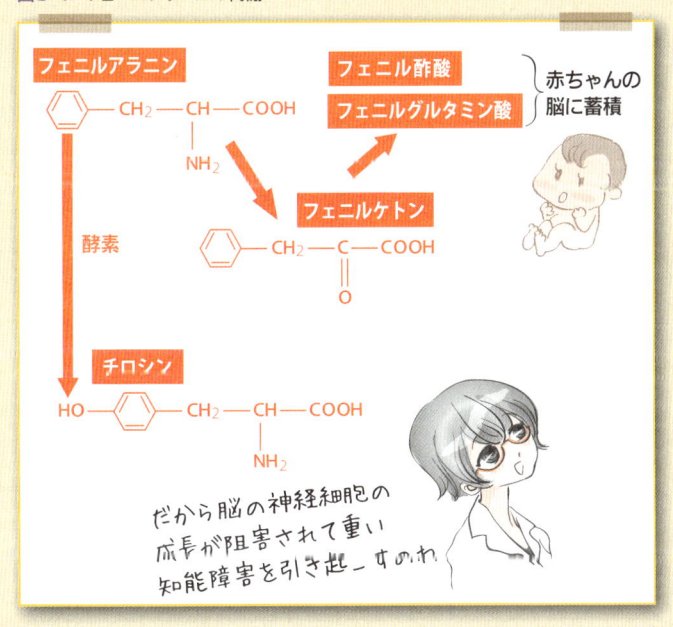

だから脳の神経細胞の成長が阻害されて重い知能障害を引き起こすのね

はよく働いているので、フェニルアラニンは体内に蓄積しません。

　しかし、もしこの酵素がつくられなかったり、つくられても酵素に異常があったりしたらどうなるでしょうか？　こうして起こるのがフェニルケトン尿症という病気で、体のあちこちにフェニルアラニンが大量に蓄積するのです。とりわけ深刻なのが、脳への影響です。

　体内に蓄積したフェニルアラニンは、正常なルートでは分解されません。しかたなく別のルートで分解されます。フェニルアラニンはフェニルケトンになり、患者の尿の中に大量に現れるのです。これがフェニルケトン尿症という名前がついた理由です。

　フェニルケトンはフェニル酢酸やフェニルグルタミンに代謝されますが、これが赤ちゃんの脳に蓄積すると、ほかのアミノ酸が脳に入ってこれなくなります。このため、赤ちゃんの脳の発育が遅れてしまうのです。

　フェニルケトン尿症による障害を最低限に抑えるための対策も立てられています。それは、どの赤ちゃんがフェニルケトン尿症であるかを血液検査で調べることです。英語で「ふるい分ける」ことをスクリーニングというので、このような検査を**遺伝的スクリーニング**と呼びます。

　このスクリーニングによって、日本では8万人に1人の割合、アメリカでは1万7,000人に1人の割合で、フェニルケトン尿症が見つかっています。

　新生児における遺伝的スクリーニングの結果、血液の中に異常に大量のフェニルアラニンが見つかれば、その赤ちゃんはフェニルケトン尿症だとわかります。このような赤ちゃんが見つかったら、ふつうのミルクを与えてはいけません。フェニルアラニンの量を最低限におさえたミルクを与えます。

第5章 遺伝性疾患と遺伝子診断

フェニルケトン尿症で生まれても、食生活を変えることで困難を切り抜け、大学を卒業し立派に働いている人もたくさんいます。フェニルケトン尿症は100％遺伝子による発症ですが、食生活を変えることで100％予防可能な病気でもあるのです。

5 ヘモグロビンの異常で起こる鎌状赤血球貧血

　酸素を運ぶヘモグロビンに異常が起こると、貧血になります。ヘモグロビンは、2つのα鎖と2つのβ鎖の合計4つのタンパク質からできています（図5-5a）。酸素を捕らえるのが、鉄を含んだヘムと呼ばれる平らな分子です。

　ヒトヘモグロビンのα鎖はアミノ酸141個、β鎖は146個からできています。α鎖とβ鎖のどのアミノ酸が変化しても、ヘモグロビンの酸素を運ぶ能力が大きく低下するため、貧血になるのです。

　ヘモグロビンに関しては、すでに多くの遺伝性の病気が知られ

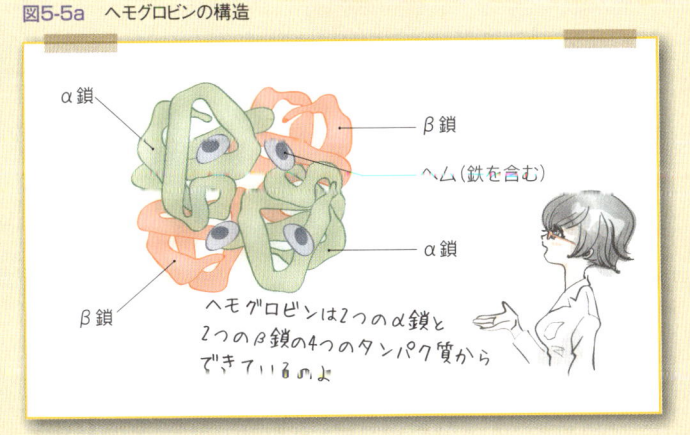

図5-5a　ヘモグロビンの構造

（α鎖、β鎖、ヘム（鉄を含む）、α鎖、β鎖

ヘモグロビンは2つのα鎖と2つのβ鎖の4つのタンパク質からできているのよ）

151

ています。ここではよく研究されている鎌状赤血球貧血（かまじょう）を紹介します。

　正常な赤血球と鎌状赤血球を示しました（図5-5b）。正常な赤血球はドーナツ形をしています。これに対して鎌状赤血球は、三日月形または鎌形をしています。鎌状赤血球貧血の名前は、その形に由来するのです。

　もちろん、鎌状赤血球は正常のものと外観が違うだけではありません。鎌状赤血球は、正常な赤血球に比べ、壊れやすく、三日月形に変形して毛細血管をふさいでしまうのです。鎌状赤血球の患者は、腹痛や骨の痛みをくり返し、やがて毛細血管が詰まり、若くして死んでしまいます。

　鎌状赤血球を指令する遺伝子は、常染色体に乗っているので、遺伝子に欠陥が生じたからといってかならず発症するわけではあ

図5-5b　健常な赤血球と鎌状赤血球

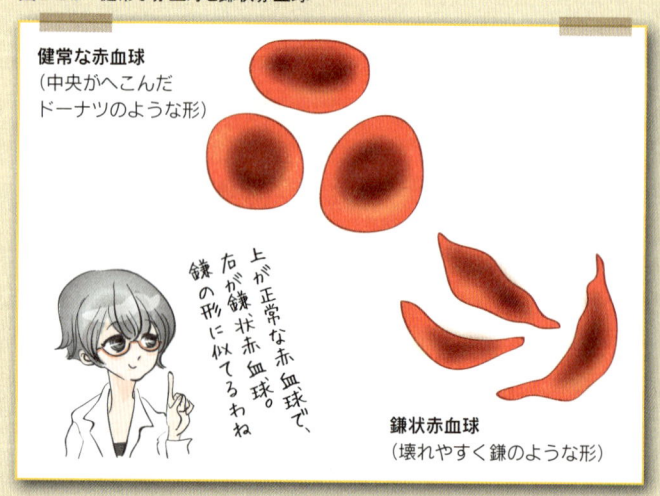

健常な赤血球
（中央がへこんだ
ドーナツのような形）

上が正常な赤血球で、右が鎌状赤血球。鎌の形に似てるわね

鎌状赤血球
（壊れやすく鎌のような形）

第5章 遺伝性疾患と遺伝子診断

りません。体細胞は遺伝子を2セットもっているので、どちらの遺伝子にも欠陥があると発病し、1本だけに欠陥があるとキャリアーになるだけで発病はしません。

　鎌状赤血球貧血はどのようにして生じるのでしょうか。その原因を探るため、タンパク質の研究も盛んです。

　ポーリングは1949年に電気泳動という技術を使い、健常者、キャリアー、発症者から採取したヘモグロビンの性質を調べました。

　電気泳動とは、ゲルと呼ばれる寒天や湿らせた紙にタンパク質を乗せて電流を流すことをいいます。このとき異なるタンパク質は異なった速さでゲルの中を動きます。

　ゲル電気泳動のパターンをスケッチしました（図5-5c）。健常者と発症者では、ヘモグロビンの移動スピードが異なることがわかります。また、キャリアーは正常と異常の両方のヘモグロビンをもちます。

図5-5c　ヘモグロビンの電気泳動

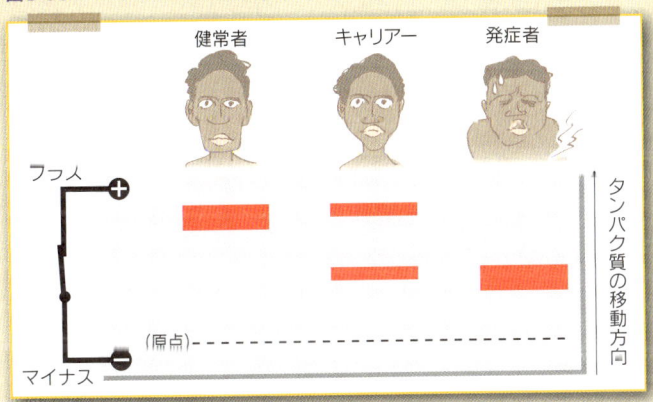

6 免疫が働かないADA欠損症

　わたしたちは無数の外敵に囲まれているにもかかわらず、そうたやすく病気になりません。免疫系のおかげです。でも、この大切な免疫系が働かない病気があります。これが先天性免疫不全症です。

　この病気のままで生きようとすれば、感染性バクテリアから守るために無菌室または宇宙服の中で過ごすしかありません。

　テキサスのデービッド・ベッター君（1971～1984年）は、男性だけにでるX染色体劣性遺伝型の先天性免疫不全症のため、生まれてからずっと無菌状態の中で生きてきました。彼は「泡の中の少年」として有名人でした。

　彼が12歳のとき、免疫細胞をつくる骨髄を手に入れるため、実験的な骨髄移植を受けることを決断します。そして移植が行われました。

　当初は成功したかに見えた移植でしたが、彼は、がんになってこの世を去りました。のちの調査でわかったことは、ドナーの骨髄に潜んでいたウイルスが、がんを発生させたのでした。

　墓石には、「彼は世界に触れたことは一度もないが、世界の人々は彼の心に触れた」と刻まれています。

　先天性免疫不全症の患者の3分の1がアデノシンデアミネース（ADA）という酵素をもちません。これをADA欠損症といいます※。

　ADAがないと、免疫が働きません（図5-6）。ADAは、アデノシンからアンモニアのユニットを取り除いてイノシンに変身させます。ADAがなければ、アデノシンが分解されません。こうして細胞内に大量に蓄積したデオキシアデノシンが、DNAの合成をさま

※通常、この遺伝子は20番染色体に乗っていますが、デービッド君が免疫不全になった遺伝子はX染色体に乗っていました

第5章 遺伝性疾患と遺伝子診断

たげ、この結果、免疫細胞ができなくなります。ADA欠損症の患者は、免疫をもたないのです。

治療するには、不足しているADAを注射する、あるいは骨髄を移植する、の2つの方法が採用されてきました。

ADAを注射すれば、症状が一時的に改善します。だから、継続して注射をしなくてはなりません。また、ADAがヒトから採取したものか、ヒト遺伝子からつくられたものでなければ、抗体ができてしまうので、副作用も起こるかもしれません。

そこで登場してきたのが、このあとで述べる遺伝子治療です。

図5-6　デオキシアデノシンの代謝とアデノシンデアミネース（ADA）の役割

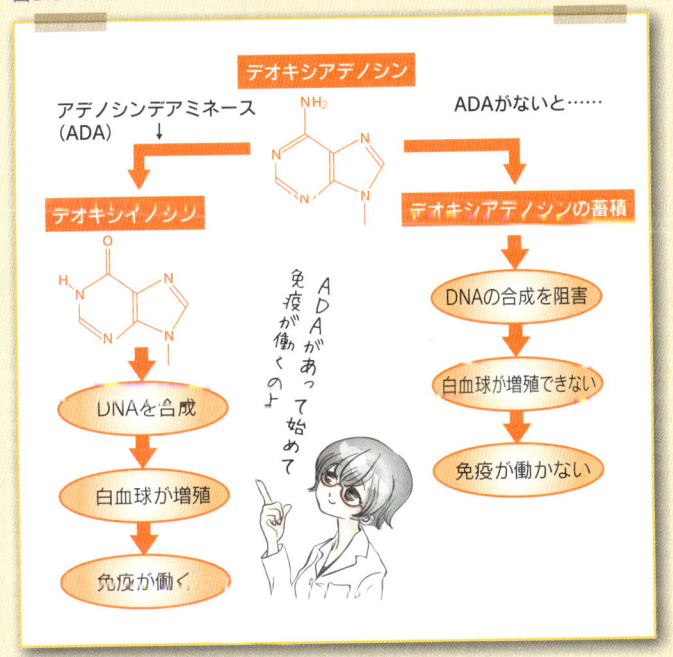

```
                    デオキシアデノシン
   アデノシンデアミネース              ADAがないと……
      （ADA）
         ↓
   ┌─────────────┐            ┌─────────────────────┐
   │ デオキシイノシン │            │ デオキシアデノシンの蓄積 │
   └─────────────┘            └─────────────────────┘
         ↓                              ↓
   ┌─────────────┐            ┌─────────────────────┐
   │  DNAを合成  │            │   DNAの合成を阻害   │
   └─────────────┘            └─────────────────────┘
         ↓                              ↓
   ┌─────────────┐            ┌─────────────────────┐
   │  白血球が増殖 │            │  白血球が増殖できない │
   └─────────────┘            └─────────────────────┘
         ↓                              ↓
   ┌─────────────┐            ┌─────────────────────┐
   │  免疫が働く  │            │    免疫が働かない    │
   └─────────────┘            └─────────────────────┘
```

ADAがあって始めて免疫が働くのよ

3つのタイプの遺伝性疾患

　1980年代の後半から、遺伝性疾患についての研究が急速に進みました。遺伝性疾患は、欠陥遺伝子が親から子に伝わることで生じます。欠陥遺伝子の伝わり方は、およそ2通りあります。

　1つめは、生殖による伝わり方です。父親と母親の両方、または片親が欠陥遺伝子をもっているケースで、親の欠陥遺伝子が子に伝わります。

　もう1つは、変異による伝わり方です。精子や卵子ができる際に、まれに遺伝子に変異が起こります。この変異が、それまで家族や親戚一同の中のだれにも見られなかった遺伝病を発生させるのです。この例に血友病があります。

　血友病は、先祖から欠陥遺伝子が代々に伝わることで発症します。しかし、それだけではありません。血友病患者の3分の1は、精子や卵子ができる際に、遺伝子に変異が起こって生じた欠陥遺伝子が子に伝わることで発症するのです。

　それから、遺伝性疾患には3つのタイプがあります（図5-7）。
①染色体異常
②モノジーンの欠陥による異常
③ポリジーンの欠陥による異常

　①のタイプは、通常は2本の染色体が1対になっていますが、ときどき染色体が1本になったり、3本になったりする異常です。染色体が1本の例に、妊娠しようとしてもできないターナー症候群があります。染色体が3本の例にダウン症候群があります。

　②のタイプは、たった1個の遺伝子（モノジーン）に欠陥が生じたために起こる病気です。欠陥は常染色体に起こることもあれば、

第5章 遺伝性疾患と遺伝子診断

性染色体に起こることもあります。常染色体に欠陥が起これば、男女の性差に関係なく遺伝します。

常染色体優性遺伝は、2個の遺伝子のうち1個の遺伝子に欠陥があるだけで発症する過激なものです。これに対して、2個の遺伝子のどちらも欠陥のときだけ発症するおだやかなタイプもあります。このタイプが**常染色体劣性遺伝**です（161ページ参照）。

また、性染色体にはXとYがあります。X染色体劣性遺伝は、X染色体に欠陥が起こり、X染色体を1本しかもたない男性に病気が現れます。血友病はこのタイプの遺伝性疾患なのです。

③のタイプは、いくつかの遺伝子（ポリジーン）の共同作業と環境によって、病気が現れたり、現れなかったりします。このタイ

図5-7 遺伝性疾患の3つのタイプ

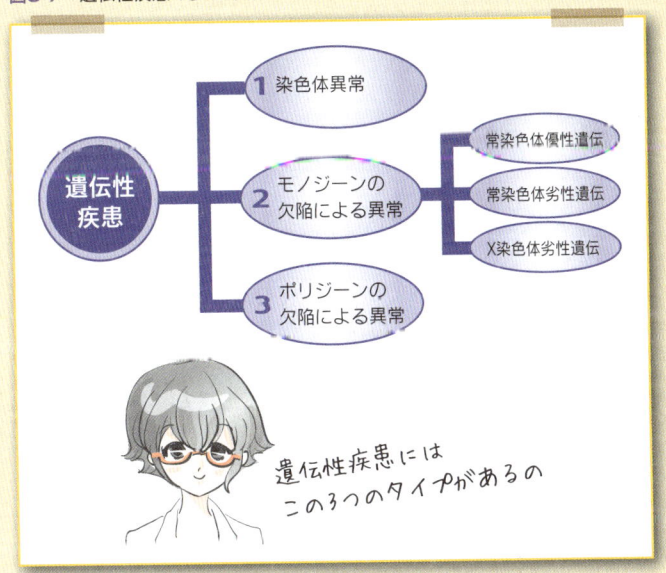

```
                  ┌─ 1 染色体異常
                  │
                  │                    ┌─ 常染色体優性遺伝
遺伝性疾患 ───────┼─ 2 モノジーンの  ─┼─ 常染色体劣性遺伝
                  │   欠陥による異常   └─ X染色体劣性遺伝
                  │
                  └─ 3 ポリジーンの
                      欠陥による異常
```

遺伝性疾患にはこの3つのタイプがあるの

157

プに属する病気は非常に多いにもかかわらず、複雑なため、しくみがまだ解明できていません。

ポリジーンの異常による病気として、糖尿病、がん、心臓病、脳卒中、ぜんそく、うつ、統合失調症などが考えられます。よくある病気ばかりです。いずれにせよ、遺伝子がかかわらない病気は数少ないのです。

8 遺伝子の異常と病気の関係

多くの病気は遺伝子に関係があります。原因となる遺伝子をもっているとかならず発症する病気もあれば、その遺伝子をもっていてもかならずしも発症しない病気もあります。では、遺伝子と病気の関係を見ていきましょう。

1対（2本）の染色体をスケッチしました（図5-8a）。この染色体

図5-8a　染色体と遺伝子

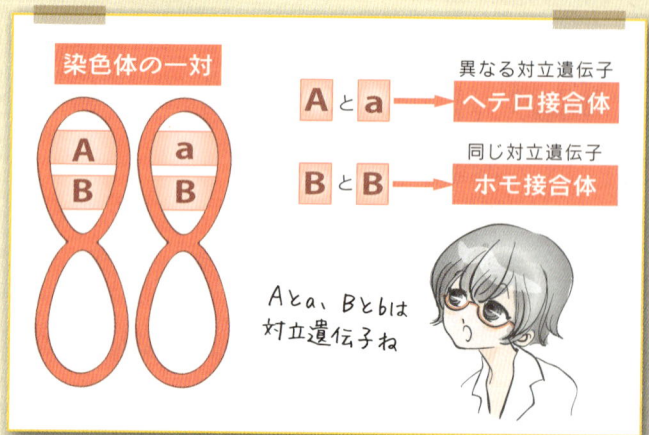

染色体の一対

A と a → 異なる対立遺伝子　ヘテロ接合体

B と B → 同じ対立遺伝子　ホモ接合体

Aとa、Bとbは対立遺伝子ね

第5章　遺伝性疾患と遺伝子診断

の上で同じ位置にある遺伝子のことを**対立遺伝子**といいます。

2つの対立遺伝子のどちらも、あるタンパク質の合成を指令できるのです。遺伝子が互いに、自分がタンパク質を指令するのだと主張して対立しているかのようです。

ある遺伝子Aがあるとします。そしてAの変異遺伝子がaとします。Aとaは互いに対立遺伝子の関係にあります。対立遺伝子が2つとも同じ場合を**ホモ接合体**AAといいます。ところが、1つだけが変異を起こしaになっている場合を、**ヘテロ接合体**Aaといいます。また、2つとも変異遺伝子aaになってしまうホモ接合体もあります。

遺伝子の病気には、1つでも変異遺伝子があれば発症するものがあります。ヘテロ接合体Aaで発症する場合です。これを**優性遺伝病**といいます。

一方、父親と母親の両方からもらってきた対立遺伝子が、どちらも変異遺伝子、つまりaaとbbのときだけ発症する病気もあります。このような病気を**劣性遺伝病**といいます。

では、優性遺伝はどのように起こるのでしょうか。スケッチを見ながら追ってみます(図5-8b)。健常な父親(dd)と発症した母親(Dd)から4人の子どもが生まれたとします。2人の子どもは(dd)の遺伝子をもつので健常です。ところが、残りの2人は(dD)の遺伝子をもち、発症してしまいます。

優性遺伝は、重い遺伝性の病気をもたらします。しかも、このタイプの遺伝子の数は非常に多いのです。優性遺伝する病気の例として、家族性高コレステロール血症、ハンチントン病、ポルフィリン症などがあります。

家族性高コレステロール血症は、血液の中のコレステロールの量をあまりに増やすため、動脈硬化が起こりやすくなります。ハ

ンチントン病では、顔をしかめたり、手足が勝手に動いたり、認知能力も衰えていきます。ポルフィリン症は腹痛と精神障害を引き起こします。

これらの優性遺伝病の特徴は、症状がでるのが遅いことです。たとえば、患者に症状が現れたときにはすでに、家庭や子どもをもっている年齢に達していることが多いのです。このため、優性遺伝を起こす遺伝子が集団にいつまでも伝わってしまうのです。

図5-8b　常染色体優性遺伝のメカニズム

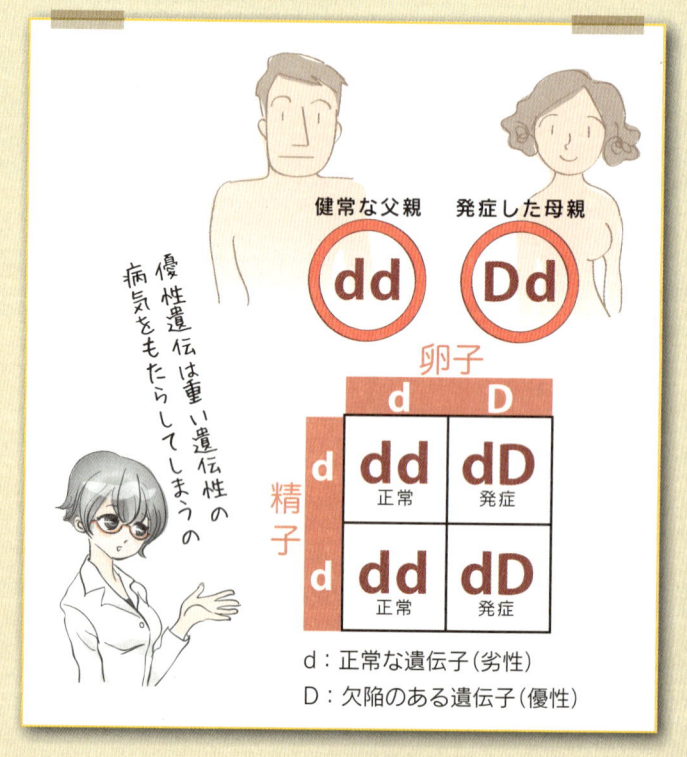

健常な父親　発症した母親
dd　　　　Dd

優性遺伝は重い遺伝性の病気をもたらしてしまうの

卵子
	d	D
d	dd 正常	dD 発症
d	dd 正常	dD 発症

精子

d：正常な遺伝子（劣性）
D：欠陥のある遺伝子（優性）

第5章　遺伝性疾患と遺伝子診断

❾ 劣性遺伝とはなにか

　病気の原因となる遺伝子をもっているのに発症しないこともあります。これが劣性遺伝です。劣性遺伝のうち、ここでは常染色体の欠陥によるものを、そして次項でX染色体によるものを説明します。

　わたしたちヒトはおよそ2万個の遺伝子をもっていますが、そのうち約10個に欠陥があるようです。すなわち、だれでも、およそ10個の欠陥遺伝子をもつのです。しかし、欠陥遺伝子をもっているからといって、かならずしも発症するわけではありません。

　たとえば、1つの異常な遺伝子があり、それが劣性な遺伝子（r）だとします。すると、もう1本の染色体にある対立遺伝子（R）が優性になり、正常なタンパク質ができるのです。つまり、この人の遺伝子はヘテロ接合体（Rr）になっているのです。

　この人のように、遺伝性疾患の原因となる遺伝子（r）をもっているにもかかわらず、発症しない人をキャリアーといいます。

　劣性遺伝が起こるしくみをスケッチしました（図5-9）。起こりがちな3つのケースを考えてみましょう。
 (a) 父親と母親がどちらもキャリアー
 (b) 片親が健常でもう片親がキャリアー
 (c) 片親が健常でもう片親が発症者

　まず(a)。キャリアーの父親（Rr）とキャリアーの母親（Rr）から4人の子どもが生まれたとします。子どもの1人は（RR）の遺伝子をもつので健常です。そして2人の子どもが（Rr）の遺伝子をもつのでキャリアーとなります。最後の1人の子どもが（rr）の遺伝子をもち発症してしまいます。

つぎに(b)。2人の子どもが(RR)の遺伝子をもつので健常です。そして2人の子どもは(Rr)の遺伝子をもつのでキャリアーとなり

図5-9 常染色体劣性遺伝のメカニズム

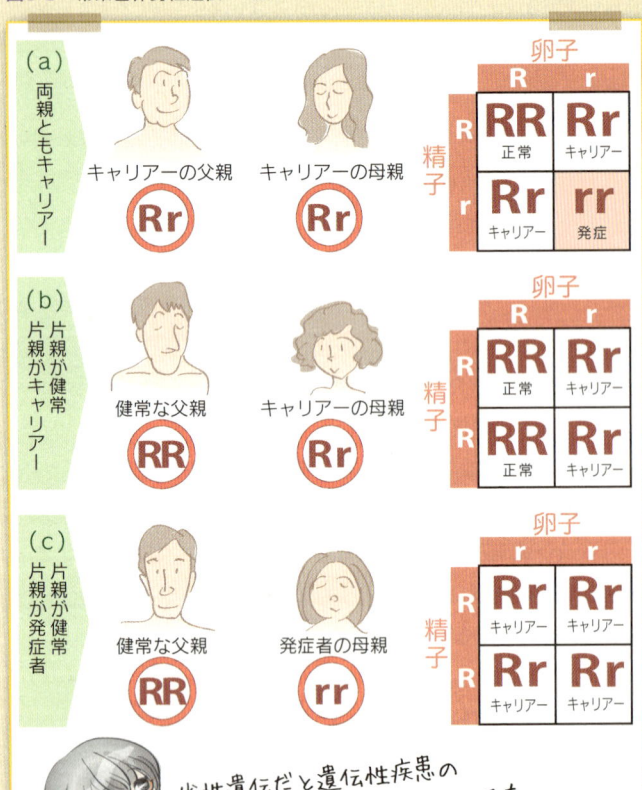

(a) 両親ともキャリアー

キャリアーの父親 (Rr) × キャリアーの母親 (Rr)

精子＼卵子	R	r
R	RR 正常	Rr キャリアー
r	Rr キャリアー	rr 発症

(b) 片親が健常 片親がキャリアー

健常な父親 (RR) × キャリアーの母親 (Rr)

精子＼卵子	R	r
R	RR 正常	Rr キャリアー
R	RR 正常	Rr キャリアー

(c) 片親が健常 片親が発症者

健常な父親 (RR) × 発症者の母親 (rr)

精子＼卵子	r	r
R	Rr キャリアー	Rr キャリアー
R	Rr キャリアー	Rr キャリアー

> 劣性遺伝だと遺伝性疾患の原因となる遺伝子をもっていても発症しないことが多いの

R：正常な遺伝子（優性）　r：欠陥のある遺伝子（劣性）

ます。この場合、発症者はいません。

最後に(c)。4人の子どもはすべて(Rr)の遺伝子をもちキャリアーとなりますが、発症者はいません。

以上、(a)(b)(c)からわかることは、劣性遺伝病はきわめてめずらしい病気だということです。この種の病気の例として、フェニルケトン尿症、鎌状赤血球貧血、囊胞性線維症などがよく知られています。

フェニルケトン尿症と鎌状赤血球貧血をすでに説明したので、ここでは囊胞性線維症を説明します。この病気は、肺などの器官で異常なタンパク質ができることによって、粘液の粘度が異常に高くなります。白人の2,000人に1人が発症しています。

発症すると、まず肺に慢性の感染が起こり、患者のおよそ3分の1が20歳になる前に死亡してしまいます。ジーン・ハンター(遺伝子の狩人)たちのすさまじい努力によって、この病気を引き起こす遺伝子が7番染色体に存在することがわかりました。

10 男性だけが影響を受けるX染色体劣性遺伝

X染色体劣性遺伝というのは、欠陥遺伝子がX染色体の上に乗っているものです。これまでに約400種類が報告されています。1つの細胞の中に、女性は2つのX染色体(XX)がありますが、男性(XY)は1つのX染色体しかありません。両親のX染色体に存在する欠陥が与える影響は、娘と息子ではどう違うのでしょうか？

娘が受け継いだ2つのX染色体のうち、1つが欠陥のためキャリアーにはなりますが、発症はしません。それに対して、息子はX染色体を1つしかもっていません。だから、X染色体にある遺伝子に欠陥が生じれば、キャリアーではなく、かならず発症します。

このようにX染色体劣性遺伝は、通常、男性だけが影響を受けるので**伴性遺伝病**ともいわれます。もちろん、女性にもX染色体に関係した病気があります。しかし発症するには、X染色体の両方の対立遺伝子が変異して欠陥をもたねばなりません。だから、女性にはこのタイプの遺伝子疾患はめったに起こらないのです。

　親がX染色体に欠陥をもつ場合について、生まれてくる息子や娘を分析してみましょう（図5-10）。つぎの2つのケースを考えます。
(a) 父親が健常、母親がキャリアー
(b) 父親が発症、母親が健常

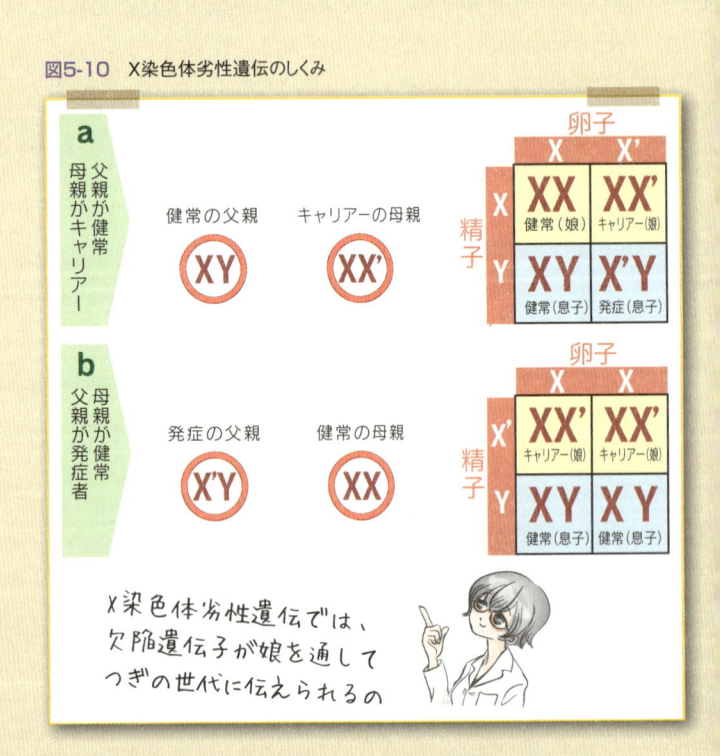

図5-10　X染色体劣性遺伝のしくみ

a 父親が健常 母親がキャリアー

健常の父親 XY　　キャリアーの母親 XX'

	卵子 X	卵子 X'
精子 X	XX 健常(娘)	XX' キャリアー(娘)
精子 Y	XY 健常(息子)	X'Y 発症(息子)

b 母親が健常 父親が発症者

発症の父親 X'Y　　健常の母親 XX

	卵子 X	卵子 X
精子 X'	XX' キャリアー(娘)	XX' キャリアー(娘)
精子 Y	XY 健常(息子)	XY 健常(息子)

X染色体劣性遺伝では、欠陥遺伝子が娘を通してつぎの世代に伝えられるの

そして2人の娘と2人の息子が生まれたとしましょう。

まずaのケース。娘については、1人が健常(XX)で、もう1人がキャリアー(XX')になります。しかし息子については、1人が健常(XY)で、もう1人が発症(X'Y)してしまいます。

つぎにbのケース。娘は2人ともキャリアー(XX')になりますが、息子は健常です。

以上のことから、X染色体劣性遺伝では、欠陥遺伝子(X')が娘を通してつぎの世代に伝えられることがわかります。血友病と筋ジストロフィーが、このタイプの病気の代表です。

血友病は、血液が凝固するのに必要なタンパク質ができないことによる病気です。そして筋ジストロフィーは、筋肉が破壊されていく病気です。そのなかでもっともよく知られているのがデュシェンヌ型といわれるもので、ゆっくりと、しかし確実に筋肉の繊維が弱くなっていくので、いまのところ有効な治療法がありません。

しかしデュシェンヌ型筋ジストロフィーに対して、遺伝子治療の計画が練られています。たとえば、ジストロフィンという遺伝子を患者の筋肉に注射して、この遺伝子に正常なタンパク質をつくらせる狙いです。

11 ポリジーンによる遺伝性疾患と環境による異常

ここまでは、1つの遺伝子の変異によって遺伝性の病気が発生することを述べました。これらの病気はメンデルの法則にしたがって遺伝し、その原因はモノジーン(1つの遺伝子)の異常です。

しかし遺伝性疾患のなかには、モノジーンだけではなくポリジーン(いくつもの遺伝子)が共同作業していたり、さらには遺伝だけ

でなく環境という要因が加わって初めて現れるものもたくさんあります。たとえば、ぜんそく、がん、糖尿病、うつ、統合失調症などです。

いまあげたのは疾患の例ですが、身長、体重、IQ（知能指数）、性格などの特徴もまた、ポリジーンによって決まると考えられます。

これらの症状や特徴を決めるのは、複数の遺伝子です。それらの遺伝子がどこにあって、どのように共同作業しているのでしょうか？　その答えは、まだでていません。そこで、ポリジーンによる遺伝性疾患が起こるしくみについての筆者の仮説をイラストに示しました（図5-11a）。

身長については、だれもが遺伝的な要因が大きいと考えます。しかし、身長でさえ環境によっておおいに変わります。たとえば、成長期に十分な栄養を摂っていたかどうか、また子どものころに

図5-11a　モノジーンによる発症とポリジーンによる発症

① モノジーンの欠陥 ➡ 発症

1つの遺伝子に欠陥が起こることで発症するのが①で、
遺伝子に欠陥はなくても環境による影響を受けて発症するのが②ね

② ジーンA／ジーンB／ジーンC ＋ 環境 ➡ 発症

第5章 遺伝性疾患と遺伝子診断

病気にかからなかったかなどによっても、身長は大きく変わります。

同じ遺伝子をもつ人が、環境が変化することで、特徴にどのような変化が見られるのでしょうか？ 日本からハワイへの移民1世とその子孫（日系人）の身長を調べたデータを紹介しましょう（図5-11b）。

移民1世の身長は男性が156cm、女性が148cmでした。ところが、2世の男性では11cmも身長が伸びて167cmになり、女性は4cm伸びて152cmになりました。わずか20年や30年で進化は起こりません。だから、2世の人たちの身長がこれほど伸びたのは、当時の日本よりもハワイにおける栄養がよかったからと考えられます。

おもしろいのは、男性では身長の伸びが2世で完了しているにもかかわらず、女性では3世までつづいていることです。

図5-11b 食事（環境）がハワイの日系アメリカ人の身長におよぼす影響

	男性	女性
1世	156cm	148cm
2世	167cm	152cm
3世	167cm	155cm

※出典：Am. J. Phys. Anthrop. 32, 429（1970）J.W.Froehlich.

遺伝子と環境に関する例をもう1つ紹介します。それは、一卵性双生児の指紋です。一卵性双生児の遺伝子はまったく同じです。胎児がいる子宮の中の環境も同じだから、指紋も同じと思うでしょう。

　ところが双生児の指紋の形は、とてもよく似ているにもかかわらず、やや異なっているのです。母の子宮内といっても、厳密にいえば、どちらかの胎児がやや上にいたり、右側にいたりするなど、双生児の置かれた環境はやや異なります。このわずかの環境の違いが、異なった指紋として現れたのでしょう。

　がんや糖尿病にしても、発症を遺伝子だけでは説明できません。がんになるには、遺伝子のほかに食べものに含まれている発がん物質の摂取、喫煙、アルコールの摂取など、環境から人体への汚染物質の影響が大きいのです。

　また、IQにしても、子どもが育つ際に、どのような栄養素を摂っていたかによって脳の細胞への栄養の供給が違ってきます。よい栄養素を与えられた子どもは、IQが高いことが証明されています。

　遺伝子の発現は、環境による影響が大きいのです。

12 遺伝性疾患を診断する意味

　妊娠すると、生まれてくる赤ちゃんの健康状態が気になります。ポイントは、赤ちゃんに先天的な異常があるかどうかです。というのは、生まれてくる赤ちゃんの4％に先天的な異常が見つかっているからです。

　その内訳は、染色体異常（25％）、単一の遺伝子の異常（20％）、母子感染や放射線被曝などの環境（5％）で、残りの50％は原因がわからない**多因子遺伝**です。

　バイオテクノロジーの技術が格段に進歩したことで、妊娠のきわめて初期においてさえ、遺伝性疾患の診断ができるようになりました。これが**出生前診断**です。

　たとえば、ある妊婦が出生前診断を受けたところ、胎児に障害があることがわかりました。この結果を知った妊婦には、つぎの2つの選択肢があります。

　1つめは、妊娠を中絶する、つまり「産まない」という選択です。もう1つは、数は少ないと思いますが、妊婦があえて赤ちゃんを「産む」という選択です。このケースでも、遺伝性疾患をもって生まれてくる赤ちゃんに、非常に早い時期から適切な処置ができるでしょう。

　このように、妊娠の早い時期に遺伝性疾患の診断が正確にできれば、両親は「時間」を獲得します。この「時間」に、両親は赤ちゃんを生むか、生まないかの選択ができます。

　もし「時間」がなければ、「産むか、産まないか」の選択はできません。すなわち、遺伝病をもった赤ちゃんを「産む」しかないのです。遺伝性疾患の予防と治療に関しては、「時間」がとても重要

なのです。

　だから、なるべく早い時期に胎児の様子を診断し、その結果をできるだけ正確に知ることが大切なのです。

　このための診断方法をまとめました。診断方法は大きく分けると3つあります（図5-12）。

図5-12　遺伝性疾患を診断する3つの方法

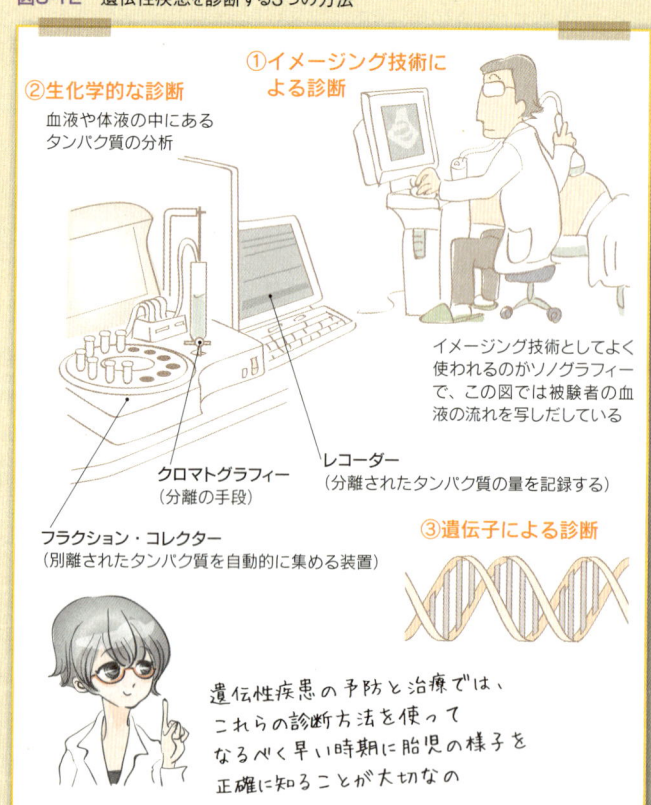

②生化学的な診断
血液や体液の中にあるタンパク質の分析

①イメージング技術による診断

イメージング技術としてよく使われるのがソノグラフィーで、この図では被験者の血液の流れを写しだしている

クロマトグラフィー（分離の手段）

レコーダー（分離されたタンパク質の量を記録する）

フラクション・コレクター（別離されたタンパク質を自動的に集める装置）

③遺伝子による診断

遺伝性疾患の予防と治療では、これらの診断方法を使ってなるべく早い時期に胎児の様子を正確に知ることが大切なの

①**イメージング技術による診断**
②**生化学的な診断**
③**遺伝子による診断**

　①は超音波を用い視覚的に胎児の様子を見る方法です。超音波で、胎児に染色体の本数に異常の疑いがあることまでわかります。

　②は妊婦の腹部から羊水を採取して分析するもの（**羊水検査**）と、子宮の内部にある絨毛膜（じゅうもう）という組織を採取して分析する**絨毛検査**です。

　③は胎児の遺伝子を分析することによって、胎児に病気に関係する遺伝子があるかどうかを調べます。遺伝子に障害が生じたために起こるのが遺伝性疾患なので、遺伝子を調べるこの方法がもっとも直接的な診断方法です。

　どの検査方法にも共通する目標は、胎児の遺伝性疾患をより早い時期に正確に見つけることで、そのための技術開発が進んでいます。

13　イメージングによる胎児の診断

　超音波による診断は、子宮の中にいる胎児を視覚的に捉えようとする方法です。これは、**イメージング**と呼ばれる技術の1つです。

　原理はこうです。まず、見たいと思うもの（対象物）に電磁波をぶつけます。電磁波ははね返りますが、その程度は、対象物の性質によって異なります。たとえば、血液のような液体と骨のような固体では、はね返りの程度がだいぶ異なります。その性質を利用するのです。

ある対象物のたくさんの位置に電磁波をぶつけ、はね返ってきた電磁波をコンピュータで処理し、それを絵にします。これがイメージングです。

　電磁波といってもたくさんの種類があります。その違いはなにかというと、エネルギーです。

　電磁波をエネルギーの強いものから弱いものへと順番に並べる

図5-13　超音波診断の原理

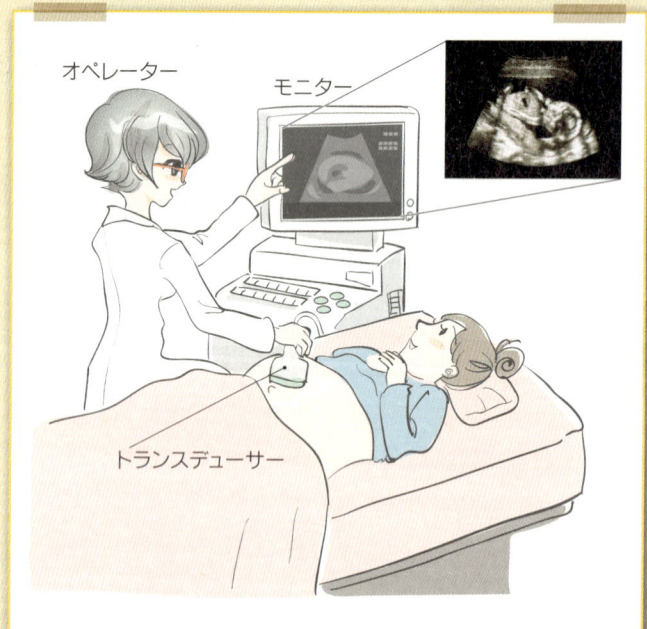

①妊婦の腹部にトランスデューサーを置く
②トランスデューサーから超音波（エコー）が送られて胎児に届く
③反射された超音波をトランスデューサーで受け取り、コンピュータで処理したあと、モニターに画像として表示する

と、ガンマ線、X線、紫外線、可視光線、赤外線、マイクロウェーブ、ラジオ波になります。これらの電磁波は、目的に応じて使い分けられています。

むかしは体の中を見る手段として、X線がよく使われました。しかしX線は非常に強いエネルギーを放出するため、細胞やDNAにダメージを与えます。とくに、骨がまだ固まっていない胎児への影響はかなり大きいはずです。

このため胎児の様子を診断するには、X線よりもエネルギーの格段に低い超音波を使います。

超音波を使ったイメージングをスケッチしました（図5-13）。超音波というヒトの耳では聞くことのできない高い周波数の音波（100万Hzから1500万Hz）を用います。超音波はやわらかい組織や液体を通過しますが、骨やガスの中を通過できません。だから、超音波を子宮内に当てると反射されますが、その度合がそれぞれの組織で異なります。この反射した音波をエコー（やまびこ）といいます。エコーを集めて画像処理すると、胎児のパターンが得られます。このパターンを医師が見て診断するのです。超音波診断は、痛みがないだけでなく、妊婦にとって安全な診断法なのです。

14　遺伝性疾患の生化学的な診断

生化学的な診断には、羊水検査と絨毛検査があります。羊水検査では、子宮からわずかの羊水と胎児の少数の細胞を採取し、胎児に遺伝的な欠陥があるかどうかを調べます。羊水検査は妊娠してから16週から18週くらいの間に行われます。胎児にダウン症候群や18番トリソミーなど、染色体に異常がある場合、これで見つかります。

羊水検査の方法をスケッチしました（図5-14）。まず、ソノグラフィーを使って胎児の月齢、子宮内での位置、そして羊水の量を確認します。つぎに、胎盤を傷つけないように、針を腹部に刺して、羊水を20～30ミリリットル取ります。採取した羊水を遠心分離にかけ上澄み液と細胞の2層に分けます。上澄み液に対して酵素反応を調べます。また、細胞を培養して染色体の分析

図5-14　羊水検査

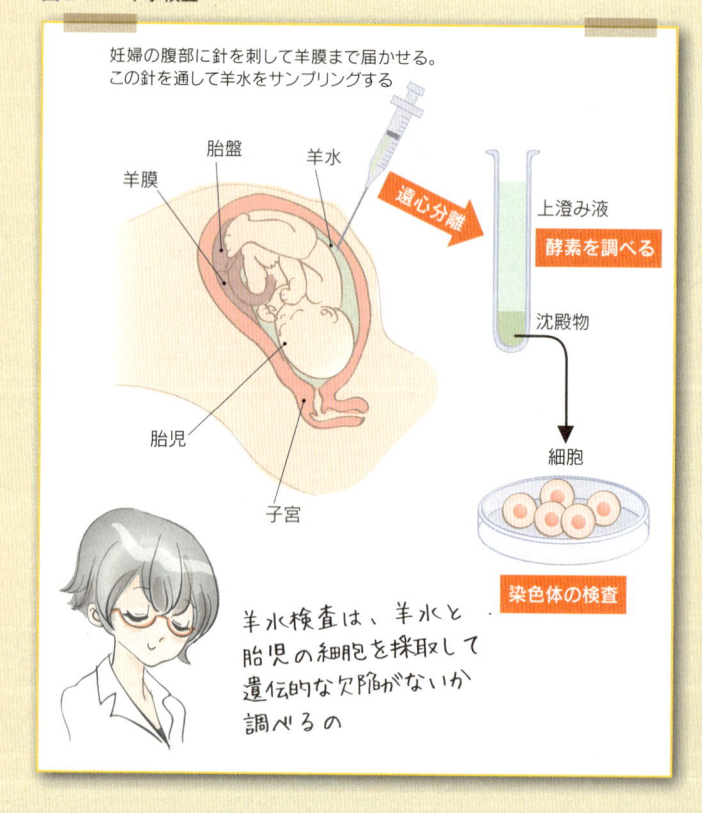

妊婦の腹部に針を刺して羊膜まで届かせる。
この針を通して羊水をサンプリングする

羊膜　胎盤　羊水

遠心分離

上澄み液

酵素を調べる

沈殿物

細胞

染色体の検査

胎児　子宮

羊水検査は、羊水と胎児の細胞を採取して遺伝的な欠陥がないか調べるの

第5章　遺伝性疾患と遺伝子診断

に使います。

　羊水検査よりさらに早い時期に診断する方法が絨毛検査です。妊娠わずか3カ月以内でも、胎児の遺伝性疾患が調べられます。絨毛膜とは妊娠が進行するにつれて、やがて胎盤になる組織のことです。この検査の方法は、膣から子宮にチューブを入れて採取した絨毛膜を調べます。

　この検査を受ける対象になるのは、妊婦の家族のだれかに遺伝性の疾患があるケース、妊婦が高齢のため胎児にダウン症などの可能性があるケース、妊婦がX染色体劣性遺伝病のキャリアーであることがわかっているケースなどです。

　絨毛検査の最大の利点は、妊娠の早い時期に結果が得られることです。診断結果を知ってから、人工中絶を選んだ際に、妊娠後期に中絶するよりも母親にとってダメージが少ないというメリットがあります。

　絨毛検査をするときの子宮の大きさは、羊水検査のときよりもはるかに小さいので、サンプリングの際に、胎児を傷つける可能性も考えられます。しかし、この検査によって流産する確率は1～2％で、自然流産の3～4％よりも低いのです。

　危険率ゼロ。アメリカのシーケノム社は、妊婦の血液検査から胎児の染色体の異常が高い精度でわかる画期的な新型出生前診断を開発しました。最初はダウン症候群の21トリソミーだけでしたが、18トリソミーと13トリソミーも診断の対象に加えました。

　わが国でも、2013年4月から日本医学会の認定施設でこの診断が始まりました。ただし、この検査で陽性となったとしても的中率は100％ではありません。確定するには、羊水検査などの確実な検査を行う必要があります。

15 制限酵素というハサミによるDNAの切断

　遺伝性疾患のもっとも直接的な診断方法は、遺伝子を調べることです。これを**遺伝子診断**といいます。

　遺伝子診断では、病気に関係している遺伝子の断片が、被験者のサンプルに含まれているかどうかを調べます。このときに使われるのが、**サザン・ブロット法**という技術です。1975年にオックスフォード大学の**エドウィン・サザン**が開発したので、この名前がついています。

　サザン・ブロット法は、2つの技術の組み合わせでできています。それらは、
　①制限酵素によるDNAの切断
　②電気泳動

　サザン・ブロット法とこれら2つの技術の関係をスケッチしました（図5-15a）。ここでは制限酵素によるDNAの切断を、DNA

図5-15a 遺伝子診断を支える技術

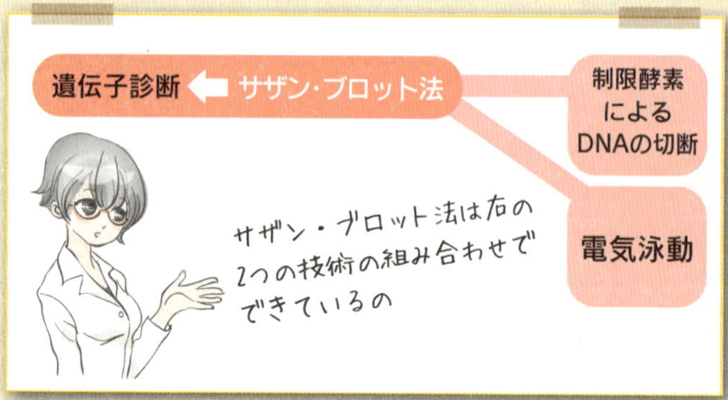

サザン・ブロット法は右の2つの技術の組み合わせでできているの

第5章　遺伝性疾患と遺伝子診断

の電気泳動はつぎの項で説明します。

制限酵素とはバクテリアなどの原核生物の細胞の中から取りだされた酵素のことで、特定の塩基配列を切断します。要するに、制限酵素はDNAを切断するハサミです。

制限酵素には、4つの塩基配列を見つけて切断する酵素と、6つの塩基配列を見つけて切断する酵素があります。制限酵素が切断するDNAの塩基配列と切断箇所を示しました（図5-15b）。

図5-15b　制限酵素によるDNAの塩基対の切断

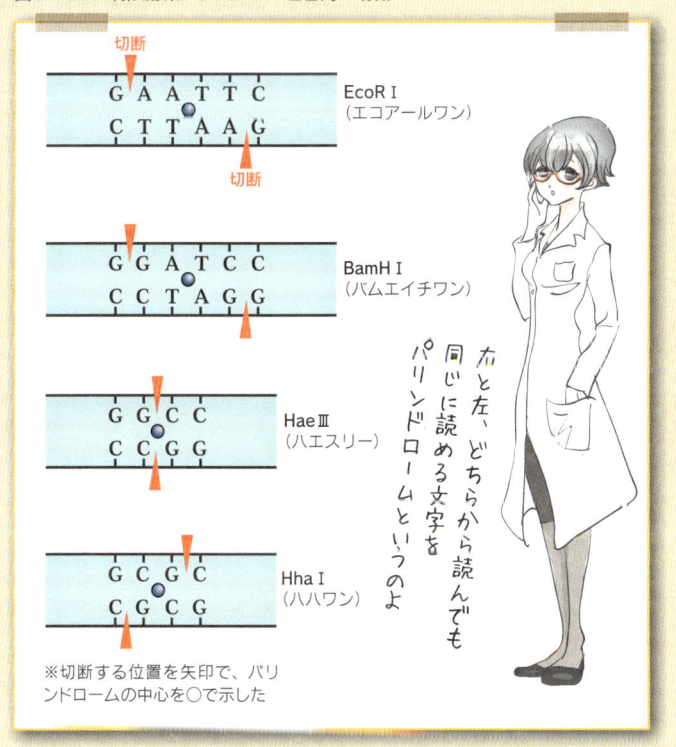

切断
G A A T T C
C T T A A G
切断
EcoRⅠ
（エコアールワン）

G G A T C C
C C T A G G
BamHⅠ
（バムエイチワン）

G G C C
C C G G
HaeⅢ
（ハエスリー）

G C G C
C G C G
HhaⅠ
（ハハワン）

※切断する位置を矢印で、パリンドロームの中心を○で示した

右と左、どちらから読んでも同じに読める文字をパリンドロームというのよ

177

制限酵素でもっとも特徴的なのが、塩基対を切断する位置です。たとえば、大腸菌から見つかった制限酵素エコアールワン（EcoR1）は、GAATTCという塩基配列を見つけると、かならずGとAの間で切断するのです。

上のDNA鎖を左から読めばGAATTC、下のDNA鎖を右から読んでもGAATTCになります。この例のように、右から読んでも、左から読んでも同じに読める文字のことを**パリンドローム**といいます。日本語のパリンドロームの例は、「しんぶんし」や「たけやぶやけた」です。

DNAの塩基配列がランダムであると仮定すると、制限酵素はどれくらいひんぱんにDNAを切断するのでしょうか？ 4つの特定の塩基が現れるのは、$4 \times 4 \times 4 \times 4 = 4^4 = 256$塩基対に1カ所になります。同じように、6つの塩基が現れるのは、$4^6 = 4,096$塩基対に1カ所になります。

被験者からのサンプルを制限酵素で切断すると、たくさんのDNA断片ができます。これらの断片を分析することによって遺伝子に欠陥があるかどうかを調べるのです。

16 DNA断片を分離するゲル電気泳動

被験者から採取したDNAに制限酵素を加えると、DNAが切断されてたくさんの断片ができました。これらのDNA断片を分離するのが**電気泳動**です。

電気泳動とは、プラスやマイナスに荷電している分子（たとえばDNA、RNA、タンパク質）を電界の中に置いたとき、これらの分子がみずからの電荷と反対の電気を帯びた極に移動することです。たとえば、DNAとRNAはマイナスに荷電しているので、陽極に

移動します。

　具体的には、DNAを寒天のようなゲルに乗せて、直流の電気を流し、DNA断片を陰極から陽極の方向に移動させます。

　電気泳動は、DNAを用いたほぼすべての仕事に使われています。とても大事な技術なので、その原理を学んでおきましょう。スケッチを見ながら説明します（図5-16a）。

①DNAサンプルをゲルに乗せます。ゲルとして用いるのは、ポリアクリアミドまたはアガロースという巨大な分子です。これらのゲルは魚を捕る網のような構造になっていますが、網のサイズはDNAよりも大きいのです。だから、DNAはゲルの網の中を通過します。

②ゲルに電流を流すとDNA断片が動き始めます。長いDNA断片はゆっくりと、そして短いDNA断片はすばやく移動します。したがって、ゲルにある一定の時間電気を流すと、DNAの断片が大きさにしたがって分離します。このようにゲル上で帯状に分離したものをバンドといいます。

図5-16a　ゲル電気泳動の原理

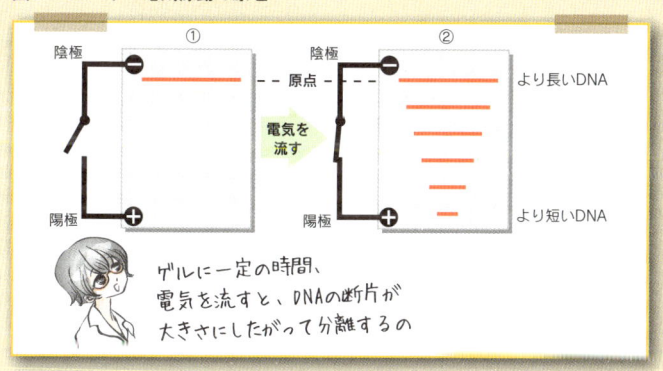

ゲルに一定の時間、電気を流すと、DNAの断片が大きさにしたがって分離するの

なぜ長いDNAよりも短いDNAのほうが、速く移動できるのでしょうか？

　ここでDNAがゲルの中を移動する力を考えてみます。マイナスに荷電しているDNAがプラスの方向に移動する速度は、電界の強さとDNAのマイナスの数に比例します。どの大きさのDNAにも同じだけの電界がかかっているので、大きなDNAほど移動する力が強いはずです。

　ところが、DNAがプラスの電極のほうに移動するには、ゲルの網目をくぐり抜けねばなりません。子どものころ、運動会の障害物競走のなかにハシゴをくぐる種目がありましたが、あれに似ています。すなわち、体の小さな生徒ほど容易にハシゴをくぐり抜けるのです。

　DNAのケースもこれと同じで、小さいDNAほどゲルの網目をすばやく移動できるのです（図5-16b）。

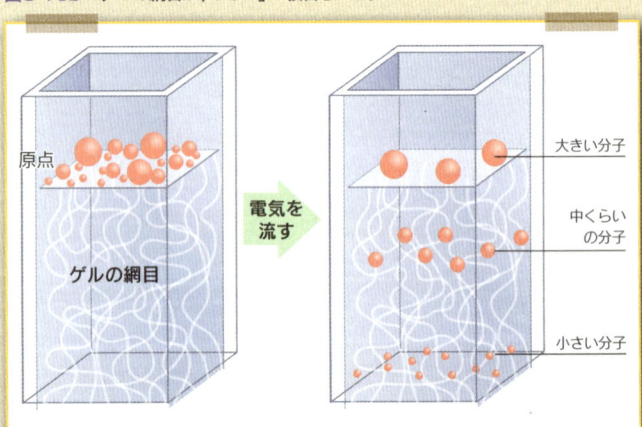

図5-16b　ゲルの網目が「ふるい」の役目をはたす

17 DNAを検出する

電気泳動が終わると、DNAが大きさの順にゲル上に並びます。DNAは肉眼では見えません。しかし、この見えないDNAを検出する方法があります（図5-17）。その方法を説明しましょう。

① 二本鎖DNAの検出
② 一本鎖DNAの検出

という2つのケースがあります。

図5-17　DNAの検出

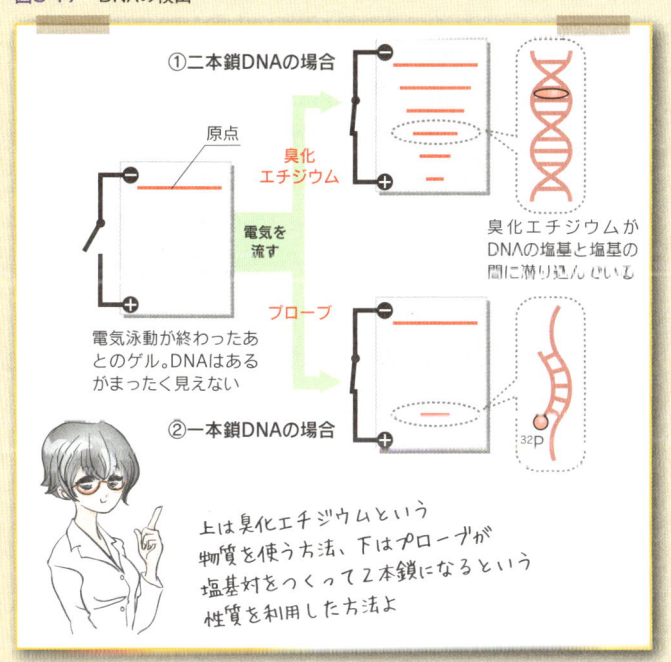

上は臭化エチジウムという物質を使う方法、下はプローブが塩基対をつくって2本鎖になるという性質を利用した方法よ

①から説明します。二本鎖DNAを検出するには、臭化エチジウムという物質を二本鎖DNAに混ぜて紫外線を当てます。するとエチジウムはDNAの塩基対と塩基対の間に入り、オレンジ色の蛍光を発します。この蛍光はとても強いので、およそ50ナノグラム（1億分の5グラム！）という超微量のDNAでさえ肉眼で見ることができます。ただし、裸眼だと紫外線によって目を傷めるので、暗所でサングラスをかけて観察します。

　つぎに②について説明します。これには、一本鎖DNAに対して相補的なDNA（これをプローブといい、プローブは「なにかを探るために使う針」という意味です）が塩基対をつくって二本鎖になるという性質を利用します。

　たとえば、一本鎖DNAの一部分がCGATGCATの配列だとします。このDNAに対して、配列がGCTACGTAのプローブを用いれば、プローブとDNAが二本鎖をつくります。

　このように、一本鎖のDNA同士が塩基対をつくって二本鎖になることをハイブリダイゼーションといいます。ハイブリッドは「もともとは異なった2つのものがいっしょになってできた」という意味です。

　二本鎖になったDNAを検出するには、①で説明した臭化エチジウムを使えばよいのです。

　しかしプローブを使うケースでは、エチジウムよりもはるかにすぐれた検出方法があります。それは、放射性のリン（^{32}P）でプローブをあらかじめラベルしておくのです。

　具体的には、プローブの末端にある塩基にリン酸をくっつける際に、放射性の^{32}Pでラベルしておくのです。放射性の^{32}Pでラベルしたプローブは目的とするDNAとハイブリダイゼーションします。そのあとに、X線フィルムをゲルの上に乗せると二本鎖DNA

のある位置が^{32}Pによって感光します。

　これによって、プローブとこれに相補的なDNAがゲルのどの部分にあるかがわかります。最近では、放射性のリン（^{32}P）のかわりに、蛍光剤を使う方法も開発されています。

18 目標とする遺伝子を見つけるジーン・ハンティング

　遺伝性疾患に関係する特定の遺伝子を捕まえることを研究目標にしている人たちがいます。この人たちをジーン・ハンターといいます。どのようにして、彼らは目標とする遺伝子を捕まえているのでしょうか？

　これまで学んだ技術を並べると、つぎのようになります。
① サンプルに制限酵素を加えてDNAを切断
② こうして得られたDNA断片をゲル電気泳動にかけ、DNAの長さにしたがって分離
③ 二本鎖DNAは臭化エチジウムによって、そして一本鎖DNAは放射性^{32}Pまたは蛍光剤でラベルしたプローブを用いて検出

図5-18　染色体のDNAを六塩基認識の制限酵素で切断したときのDNA断片の予測数

由来	塩基対の数	DNA断片の数
アデノウイルス	36,000	9
T2バクテリオファージ	170,000	43
大腸菌	4,000,000	1,000
ハエ	170,000,000	43,000
ヒト	3,000,000,000	75,000

……といった手順です。本当にこの手順で、たくさんの遺伝子の中から目標とする遺伝子を見つけることができるのでしょうか？　見ていきましょう。

　ここにたくさんの遺伝子が入ったサンプルがあります。このサンプルを6塩基を認識する制限酵素（たとえば、エコアールワンやバムエイチワン）で処理します。これらの酵素は、DNAを約4,000塩基対ごとに切断します。だから、平均4,000塩基対のDNA断片がたくさんできます。できてくるDNA断片の数は、もとのDNAの塩基対の数によって決まります（図5-18）。

　哺乳類の呼吸器に感染するアデノウイルスは36,000の塩基対があるので、6塩基を認識する制限酵素で処理すると9個の断片ができます。バクテリアに感染するバクテリオファージT2は17万塩基対あるので、43個の断片ができます。ウイルスよりもさらに複雑なのが大腸菌で約400万塩基対もあるので、1,000個の断片になります。

　これほどたくさんのDNA断片がゲルの上に乗っているのですから、それぞれのバンドは区別できません。ましてやヒトでは、バンドの数が75万にも達します。実際に、ゲルの上から下まで、ほとんどすき間がないほどDNAのバンドが並んでしまいます。

　このような状態では、目標とするDNAを見つけることなど、とうていできないと思うでしょう。しかし、このなかからターゲットの遺伝子を検出することができるのです。それが、次項で説明するサザン・ブロット法です。

19　ジーン・ハンティングに欠かせないサザン・ブロット法

　原理的には、二本鎖DNAを2つの一本鎖DNAに分けて、2つ

のDNAのどちらかに相補的なプローブを加えると、プローブと一本鎖DNAが二本鎖をつくります。この操作が**ハイブリダイゼーション**です。このときに使うプローブには2つの特徴があります。

①塩基配列が目標とする遺伝子と相補的
②放射性の^{32}Pでラベルされている

　すると、プローブが目標とする遺伝子と二本鎖をつくります。二本鎖になったプローブは、放射性のためX線フィルムを感光させます（182ページ参照）。目標とする遺伝子は、ゲルの上でX線フィルムが感光した位置にあります。

図5-19　サザン・ブロット法の原理

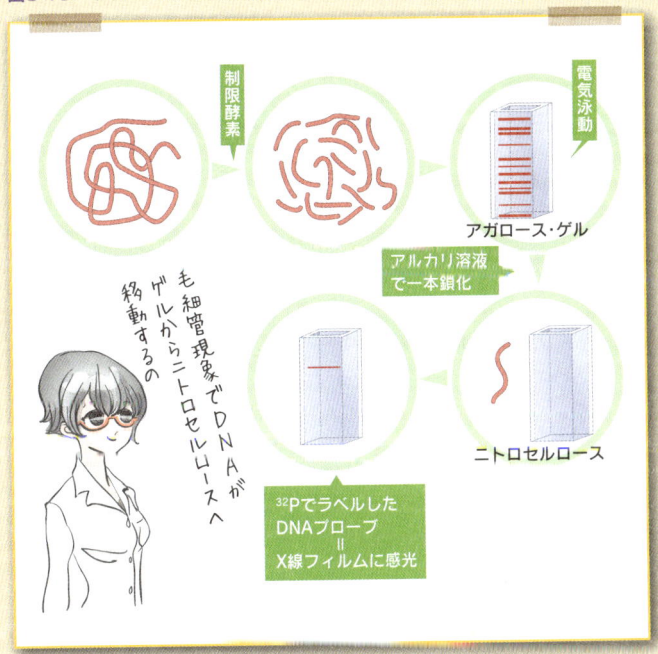

制限酵素 → 電気泳動　アガロース・ゲル → アルカリ溶液で一本鎖化 → ニトロセルロース → ^{32}PでラベルしたDNAプローブ＝X線フィルムに感光

毛細管現象でDNAがゲルからニトロセルロースへ移動するの

原理はこんなに単純。それにもかかわらず、いざ実行するとなかなかうまくいきませんでした。その原因は、電気泳動に用いたアガロースは寒天だから機械的に弱く、ハイブリダイゼーションの実験の最中に壊れてしまうからです。これは大きな問題で、当時、DNAを扱うみんなが困っていました。ところが1975年、この問題をサザンが見事に解決しました（図5-19）。

　サザンは、アガロースの中にあるDNAをアルカリ溶液で一本鎖にしてから、ニトロセルロースに移す方法を考案しました。強いアルカリ性では塩基対ができないので、DNAは一本鎖になるのです。

　ニトロセルロースは、少し細工した紙と思ってください。ニトロセルロースはゲルよりもずっとじょうぶなのです。そしてゲルをニトロセルロースに押しつけると、毛細管現象により、DNAがゲルからニトロセルロースへ移動するのです。

20　鎌状赤血球貧血の遺伝子診断

　遺伝性疾患の原因は、遺伝子の変異です。この変異が、ちょうど制限酵素が切断するはずの位置で起こったとします。この結果、本来ならば切断されるはずだったにもかかわらず、切断されなくなります。つまり、制限酵素は変異していないDNAを切断しますが、変異したDNAは切断できないのです。

　たとえば、エコアールワンはGAATTCという配列を、GとAの間で切断します。もしこのDNAに変異が起こり、GがAに代わると、AAATTCという配列になり、エコアールワンはもはやこの位置で切断できなくなります。

　DNAがある特定の位置で切断されたかどうかは、サザン・ブロ

第5章 遺伝性疾患と遺伝子診断

ット法で確認できます。したがって、被験者と健常者から採取したDNAに制限酵素を加えて、サザン・ブロット法のパターンを比べれば、その被験者に特定の病気の遺伝子があるかどうかが判別できます。これが遺伝子診断の原理です。

鎌状赤血球貧血を例に説明します。鎌状赤血球貧血は、ヘモグロビンのβ鎖が変異することで発生する遺伝性疾患です。

図5-20 鎌状赤血球貧血の診断

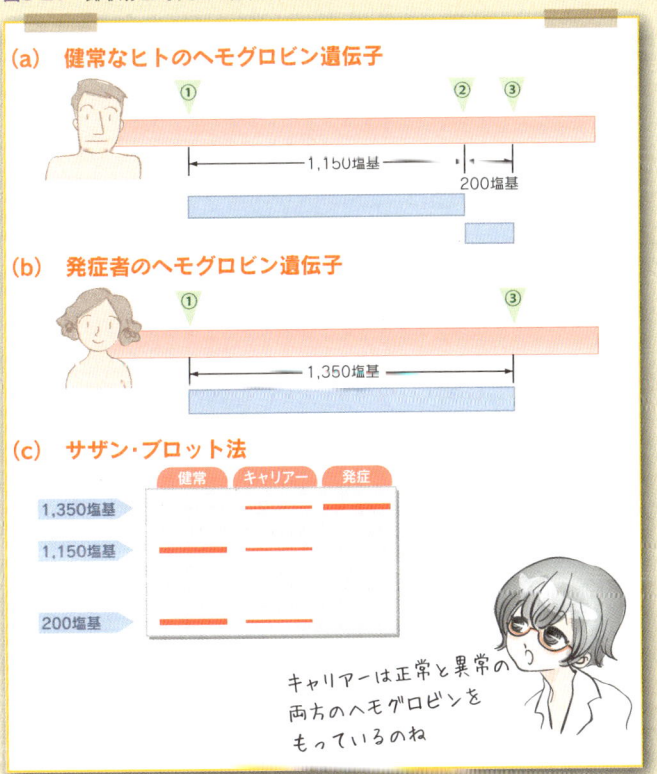

(a) 健常なヒトのヘモグロビン遺伝子

1,150塩基
200塩基

(b) 発症者のヘモグロビン遺伝子

1,350塩基

(c) サザン・ブロット法

	健常	キャリアー	発症
1,350塩基			
1,150塩基			
200塩基			

キャリアーは正常と異常の両方のヘモグロビンをもっているのね

187

まず、正常ヘモグロビンと異常ヘモグロビンを区別できる酵素を探します。ヘモグロビンをさまざまな制限酵素で切断するうちに、エムエスティツーという酵素がこの目的にかなっていることがわかりました。

スケッチを見てください（図5-20）。エムエスティツーで正常ヘモグロビンを処理すると①②③の3ヵ所で切断が起こり、1150塩基と200塩基の2つのDNA断片ができます。

ところが、同じ酵素で異常ヘモグロビンを処理すると、②の切断箇所がなくなり、1350塩基の断片だけが得られます。

したがって、実験の手順はこうなります。まず、正常ヘモグロビンと患者のヘモグロビンを制限酵素で切断して、ゲル電気泳動にかけます。それぞれのDNA断片は、別に用意した一本鎖のβ-ヘモグロビンをプローブにして、サザン・ブロット法によって確認できます。

21　ハンチントン病の遺伝子診断

鎌状赤血球貧血では、変異によってタンパク質を指令する遺伝子に異常が生じ、制限酵素による切断パターンが変わりました。だから、この病気の診断方法を考えだすことは容易にできました。しかし多くの遺伝性疾患のなかで、病気に関係するタンパク質が確定している例は、まれなことです。

つまり、多くの遺伝性疾患では原因となるタンパク質が確認されておらず、遺伝子も捕まっていないのです。このような遺伝性疾患を遺伝子診断できるのでしょうか？　答えは、イエス。

その方法をハンチントン病を例にして説明します。ハンチントン病は、1872年に初めて報告された常染色体優性遺伝の病気です。

第5章　遺伝性疾患と遺伝子診断

成人期に神経に障害が起こり、ケイレンなどの不随意運動が起こり、発症すれば死にいたります。

この病気を遺伝子診断するには、正常な遺伝子とハンチントン病の遺伝子をサザン・ブロット法で区別できる酵素を見つければいいのです（図5-21）。原理はわかりやすいのですが、実際の仕事は膨大です。なぜならば、正常な遺伝子と病気の遺伝子に異な

図5-21　ハンチントン病の診断

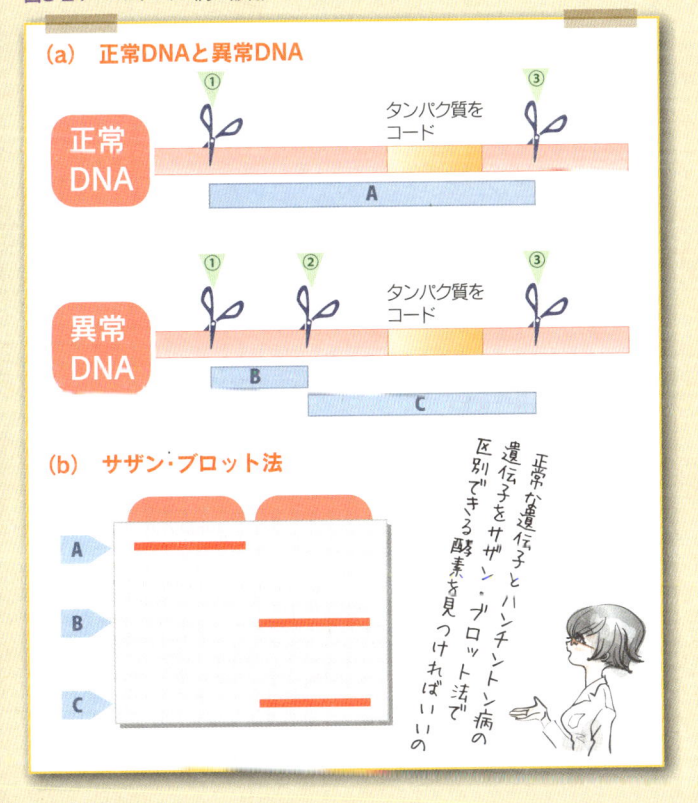

(a)　正常DNAと異常DNA

(b)　サザン・ブロット法

正常な遺伝子とハンチントン病の遺伝子をサザン・ブロット法で区別できる酵素を見つければいいの

る切断パターンを示すと思われる制限酵素は何百もあるからです。

つぎにプローブを見つけねばなりません。ヒト遺伝子はあまりに大きいために、それ自体をプローブには使えません。このため、ヒト遺伝子を何千という部分に分けて、その中からプローブとして適している断片を見つけねばなりません。考えただけでも、この作業は気が遠くなりそうです。

ところが、ここで幸運がやってきました。最初に選んだヒンディスリーという制限酵素と、最初に選んだ12個のプローブのうちの1つに、G8と呼ばれるものがありました。そしてこの組み合わせで、正常な遺伝子とハンチントン病の遺伝子を区別することができたのです。

22 食生活が命を救う

遺伝性疾患を治療する際のポイントは、早期発見です。このことをフェニルケトン尿症を例にして説明します。

フェニルケトン尿症は常染色体劣性遺伝病で、日本では8万人に1人が発症します。もし治療しなければ、赤ちゃんは重い知能障害になってしまいます。

でも、食生活を変えれば、この病気のマイナスの影響を最小限に抑えることができます。トレーシー・ベックは、NASA（アメリカ航空宇宙局）に勤務する宇宙物理学者です。彼女は生まれたときは、健常に見えたのですが、生後1カ月もたたないうちに彼女の母親は、なにかヘンだと感じていました。この子はお姉ちゃんと違って、眠たがってばかりいたからです。新生児スクリーニングで、トレーシーの血中フェニルアラニン濃度が通常の10倍もあることがわかりました。トレーシーはフェニルケトン尿症だったので

す。

　両親はたいへんなショックを受けたものの、この病気のために開発された厳格な食事療法にすぐにとりかかりました。生涯にわたりタンパク質の摂取を極限まで抑え、成長に必要なすべてのアミノ酸を補充する薬を飲むのです。しかし、子どもがこれを実践するのはたいへんなことです。

図5-22　フェニルケトン尿症だったトレーシー

フェニルケトン尿症だったトレーシーは食事療法をがんばって、バリバリに働けるようにまでなったの

学校給食、子どもたちの誕生パーティー、友だちの家での宿泊でも例外は許されません。このため彼女は9歳のとき、食事制限に反抗し、禁止されているチーズなどをこっそり口にするようになりました。すると数カ月のうちに、学校での成績がどんどん落ち、算数では補習クラスに入れられてしまったのです。

　それ以来、彼女は厳格な食事制限をつづけました。学業に打ち込んだ彼女は、1995年に名門UCLA（カリフォルニア大学ロサンゼルス校）を卒業し、2001年、ニューヨーク州立大学の宇宙工学で博士号を受けました。彼女はいまもNASAで元気バリバリ働き、同じ病気をもつ子どもたちのよき手本となっているのです。

23　診断できても治療法のないパーキンソン病

　セルゲイ・ブリンは、遺伝子診断などたんなる遊びだと思っていました。彼は、検索エンジン「グーグル」の共同創業者であり、世界中の情報アクセスに革命をもたらし、インターネットをだれも想像できなかった情報収集センターに変えた男です。

　好奇心の塊のような彼は、妻のアン・ウージーが設立した個人相手のゲノム検査会社「23＆ミー」の最初の被験者になってほしいと頼まれ、快く承諾しました。そればかりか、親戚にも声をかけ、どんなDNAを共有しているかを見ることにしました。結果はというと、ある病気についてはリスクが高く、別の病気についてはリスクが低いというものでした。

　そうするうちに、「23＆ミー」が新しいサービスを始めることになり、妻にすすめられ、ラーク2（LRRK2）という遺伝子を調べてもらうことになりました。ラーク2に変異があると、パーキンソン病を引き起こしやすくなることが判明しているからです。しかも、

第5章 遺伝性疾患と遺伝子診断

図5-23 セルゲイの決断

セルゲイは自分の遺伝子診断結果を見て、心の底から病気への支援に乗りだしたの

セルゲイの母がこの病気にかかっているのです。

　遺伝子診断の結果を見た当時35歳のセルゲイは、彼も彼の母もラーク2に変異があることを知って驚きました。もはや遺伝子検査を楽しんでいるわけにはいかなくなったのです（図5-23）。

　ラーク2に変異をもつ彼が80歳になるまでにパーキンソン病になるリスクは74％といいます。パーキンソン病が発症すると、体の動きがぎこちなく、顔はマスクのように表情がなくなり、手足が震え、病気が進むと寝たきりになります。いまのところ有効な治療法は、ありません。彼が高齢になるころには、よい治療法ができているかもしれませんが、その保証もありません。発症リスクを遺伝子レベルで予測できても治療法のない病気の代表が、ハンチントン病やパーキンソン病なのです。

　彼はブログにこう書きました。「ぼくは人生の早い時期に年をとってからなるかもしれない病気のことを知った。だから、そうなる可能性を少しでも減らすような暮らし方を選べるということ。自分がその病気になる前に、その病気の研究を支援する行動を起こすこともできる。それから、ぼくは、ほかの人より少しばかり自分がなりそうな病気について知っている。だから、何十年も前から心の準備もできている」

　彼は、パーキンソン病であることを公表している俳優マイケル・J・フォックスの研究基金への支援を明らかにしました。

24　遺伝子治療とはなにか

　遺伝性疾患は遺伝子が機能しないことによって起こる病気だから、細胞に機能する遺伝子DNAを入れればいい、これが遺伝子治療です（図5-24）。

第5章 遺伝性疾患と遺伝子診断

図5-24 遺伝子治療のアウトライン

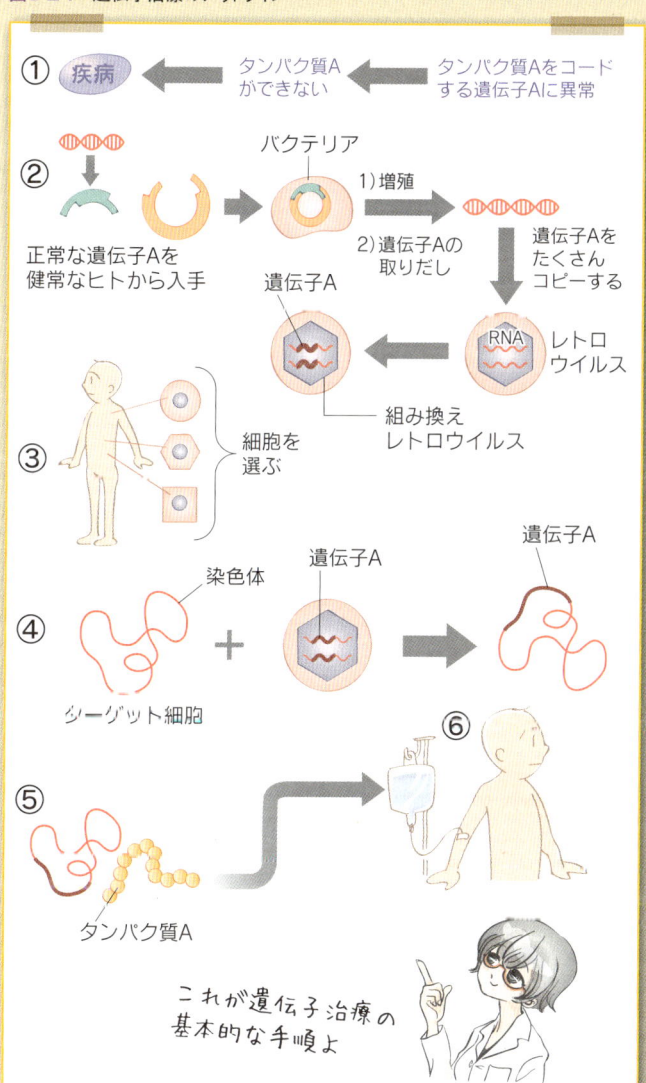

① 疾病 ← タンパク質Aができない ← タンパク質Aをコードする遺伝子Aに異常

② 正常な遺伝子Aを健常なヒトから入手 → バクテリア 1)増殖 2)遺伝子Aの取りだし → 遺伝子Aをたくさんコピーする → RNA レトロウイルス → 組み換えレトロウイルス → 遺伝子A

③ 細胞を選ぶ

④ 染色体 + 遺伝子A → 遺伝子A
ターゲット細胞

⑤ タンパク質A

⑥

これが遺伝子治療の基本的な手順よ

DNAを細胞に入れるというと、抵抗感があるかもしれません。でも、むかしから、わたしたちは、病気になれば薬を飲んできました。熱がでればアスピリンを、バクテリアによる感染症には抗生物質を服用してきました。体の外から天然物や薬を摂取して病気を治すという点では、遺伝子治療はいま例にあげたアスピリンや抗生物質と同じ考え方です。

　遺伝性疾患に対しても同じことがいえます。血友病に対して不足している凝固因子の注入、小人症への成長ホルモンの注入、フェニルケトン尿症に対する低フェニルアラニンミルクの摂取などです。

　ADA欠損症によって免疫不全におちいることを述べました。デービッド少年がこの世を去って6年後の1990年9月14日、NIH（米国立衛生研究所）によって正式に認められた最初の遺伝子治療が行われました。NIHのマイケル・ブリースとフレンチ・アンダーソンは、ADA欠損によって免疫不全になったオハイオ州に住む4歳の少女アサンテ・デシルバちゃんに遺伝子治療を行いました。

　治療の手順はつぎのとおりです。

①少女の血液から免疫で働くT細胞を取りだし、大量に培養します。

②遺伝子の運び屋、レトロウイルスを用意します。そして、レトロウイルスにヒトのADA遺伝子を入れます。レトロウイルスが細胞の外にでて勝手に増殖しては危険なので、この治療に用いられるレトロウイルスはあらかじめ不活化してあります。

③ADA遺伝子をもったレトロウイルスを免疫T細胞に感染させます。ADA遺伝子が細胞の染色体にうまく入ると、細胞が正常に機能します。この細胞を選び、患者の体内にもどします。

④ADA遺伝子が働きADAができて、彼女の免疫機能はいくぶ

ん高まりました。

しかし、ADA遺伝子を受け取ったT細胞が長生きしないので、彼女は1年間に合計6回の治療を受けねばなりませんでした。その後、彼女の病気に合う薬が開発されたため、彼女はその薬も服用することになりました。彼女はいまも元気に活動しています。

だが、彼女の回復が遺伝子治療によるものなのかどうかは、確認できていません。

25 遺伝子治療の技術的な課題

最初の遺伝子治療の結果ははっきりしなかったものの、この治療は1990年代に格段の進歩を遂げると期待されました。それで、この分野に有能な科学者がどんどん進出してきました。でも、彼らは4つの壁に阻まれていました。

（1）運び屋の壁

DNAはマイナスに荷電している分子です。そして細胞膜や核膜は脂質で覆われています。このため、DNAを細胞膜と核膜を

通り抜け染色体まで届けるのは容易なことではありません。また、DNAを狙った細胞に運ばねばなりません。このとき、レトロウイルスをベクター（運び屋）として用います。レトロウイルスが細胞を病気にしないように不活化しなければなりません。ここにあげたどのプロセスもコントロールしにくいのです。

(2) 遺伝子が働くかどうかの壁

　DNAを標的細胞の染色体に運び、DNAがmRNAに転写され、タンパク質に翻訳されねばなりません。たとえウイルスが遺伝子を標的細胞に運んだとしても、DNAが染色体のどの位置に挿入されるかまではコントロールできません。それから、せっかく細胞に入ったウイルスが、細胞から追いだされるかもしれません。

(3) 免疫系に排除されるかもしれない壁

　ウイルスはDNAを運ぶのに好都合ですが、もともと細胞には存在しないタンパク質をつくらせるので、異物とみなされます。だから、患者の免疫系によって排除されやすいのです。

(4) 細胞をがん化するかもしれない壁

　ベクターウイルスの性質に由来する心配があります。その心配とは、レトロウイルスの感染が引き金となって、細胞の中にあるがん遺伝子が働き始める可能性です。

　遺伝子治療を成功させるには、こうした壁を1つひとつクリアしていかねばなりません。科学者たちがこうした問題を解決しようと必死に取り組んできましたが、ついに悲劇が訪れました。
　1999年9月17日、18歳の若者がペンシルベニア大学で遺伝子治

療を受けて4日後に死亡したのです。この若者はジェシー・ゲルシンガーといい、肝臓である種の酵素ができないために、有毒のアンモニアが大量に蓄積する病気でした。

彼は病気を食事と薬で十分にコントロールできていましたが、同じ病気で苦しむ人々を助けようと思い、遺伝子治療に志願しました。当初、彼の死はベクターウイルスが免疫系に拒絶されたためと理解されていました。ところが調べてみると、実験チームの安全対策がおざなりだったうえに、実験を主導したジェフリー・イスナルが企業と利益を共有する関係にあったのに、この事実を隠していたことが明らかになったのです。これは利益相反という違反行為なのです。

科学者たちは功を焦っていたのでしょう。こうして遺伝子治療の発展に大きなブレーキがかかりました。

そして2000年、フランスの科学者が、先天性免疫不全症の10人の子どもに遺伝子治療を行いました。子どもたちは免疫力を回復したのです。アサンテちゃんのケースとは異なり、今回は治療後に子どもが薬を服用する必要のない完全な回復です。あたりは興奮のるつぼと化しました。でも、少したって、10人のうち2人が白血病にかかってしまいました。どうやら、ベクターウイルスが細胞内のがん遺伝子を活性化してしまったようです。

26 幹細胞治療の可能性

遺伝子治療には、とりわけウイルスによるDNAの細胞への運搬という問題があります。それなら、細胞そのものを送ってはどうでしょう。それが、幹細胞治療です。

幹細胞とは、複製をつづけると、別の種類の細胞に変化してい

く細胞のことです。この幹細胞を患者に移植すれば、幹細胞は移植した組織に適合する細胞へと変化します。だから、幹細胞は、膵臓のβ細胞が死滅することで発症するI型糖尿病や、脳の神経細胞の死滅によって発症するパーキンソン病などの治療に応用できると期待されています。

幹細胞はそれぞれの臓器にありますが、すべてのおおもとは精子と卵子がドッキングしてできた受精卵です。子宮に着床した受精卵が分裂をくり返し、やがて赤ちゃんになるのです。たった1個の受精卵が分裂をくり返すうちに、脳と体を構成する200種類もの細胞へと変化するのです。

幹細胞治療は、1998年、ウイスコンシン大学の**ジェームス・トムスン**が**ES細胞（胚性幹細胞）**を作製したことで突破口が開かれました。彼は、将来、ヒトのどんな組織にもなれるES細胞をヒト胚から作製したのです。

しかし人間の命は受精の瞬間に始まると信じる人々は、ヒト胚を研究に使うのは倫理的に受け入れにくいでしょう。ここで研究がストップするのでしょうか？

ところが、2006年、幹細胞治療を実用化する画期的な成果が、京都大学の**山中伸弥**によって報告されました。マウスの皮膚細胞にたった4個の遺伝子を入れるだけで、マウスのどんな組織にでも変化できる多能性幹細胞ができるのです。これで倫理的な理由で幹細胞治療を阻むことはなくなりました。

この新しいタイプの幹細胞を**iPS細胞（人工多能性幹細胞）**といいます。iPS細胞は患者の皮膚からも作製できます。だからiPS細胞は、患者の免疫系に拒絶されることなく、組織に定着することでしょう（図5-26）。日本はiPS細胞を治療に役立てるための研究を進めているところです。

第5章 遺伝性疾患と遺伝子診断

図5-26　幹細胞治療の可能性

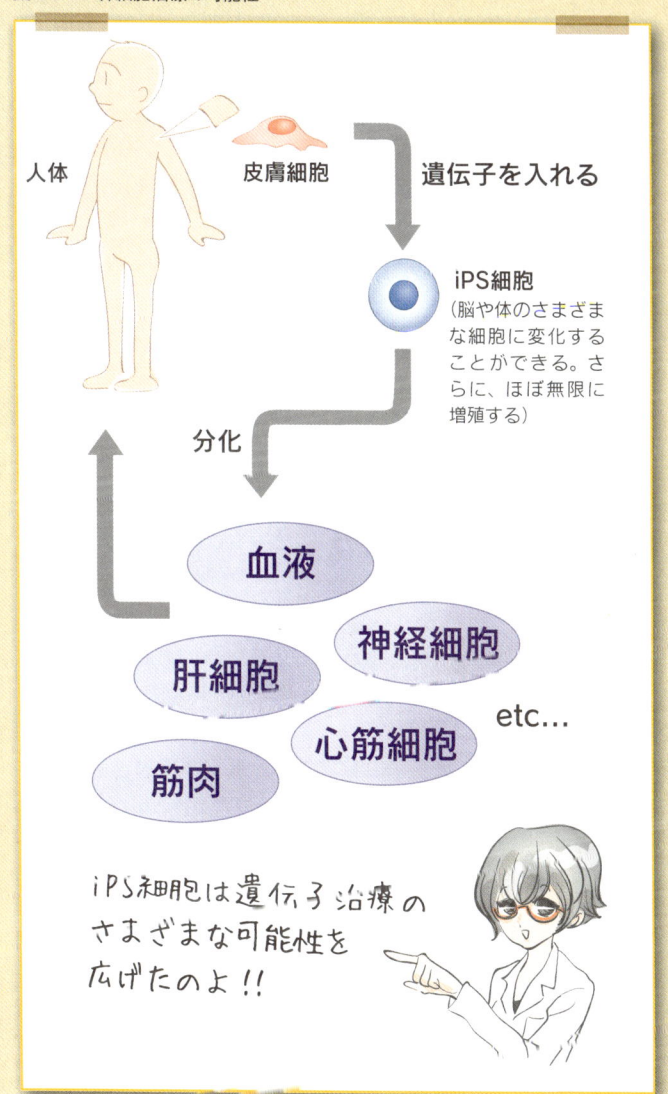

人体 → 皮膚細胞 → 遺伝子を入れる → iPS細胞（脳や体のさまざまな細胞に変化することができる。さらに、ほぼ無限に増殖する）

分化 → 血液、肝細胞、神経細胞、心筋細胞、筋肉 etc...

iPS細胞は遺伝子治療のさまざまな可能性を広げたのよ!!

《 おもな参考文献 》

(1) Studies on the Chemical Nature of the Substance Inducing Transformation of Pneumococcal Types: Induction of Transformation by a Desoxyribonucleic Acid Fraction Isolated from Pneumococcus Type III. Avery, MacLeod, and McCarty. Journal of Experimental Medicine 79 (1): pp.137–58.（1944）.

(2) Independent functions of viral protein and nucleic acid in growth of bacteriophage, Hershey, A.D.; Chase, M. The Journal of General Physiology 36, pp.39-56.（1952）.

(3) Nucleotide Sequence of an RNA Polymerase Binding Site from The DNA of Bacteriophage. HEINZ SCHALLER et al. Proc. Nat. Acad. Sci. USA. 2, pp.737-741.（1975）.

(4) Nucleotide sequence of an RNA polymerase binding site at an early T7 promoter. D Pribnow. Proc Nat. Acad. Sci U S A. 72, pp.784–788.（1975）.

(5) A Structure for Deoxyribose Nucleic Acid Watson J.D. and Crick F.H.C. Nature 171, pp.737-738.（1953）

(6) Migration and the plasticity of physique in the Japanese-Americans of Hawaii. Froehlich, J. W. Am. J. Phys. Anthropol., 32: pp.429–442.（1970）.

(7)『遺伝子治療の最前線』 島田隆・平井久丸 著、高久史麿 監修（羊土社、1994年）

(8)『二重らせん』 ジェームス・D・ワトソン 著、江上不二夫・中村佳子 訳（講談社文庫、1986年）

(9)『遺伝子医療革命』 フランシス・S・コリンズ、矢野真千子 訳（NHK出版、2011年）

さ

細胞	14
サザン・ブロット法	176
サブユニット	109
ジーンハンター	163、103
紫外線吸収スペクトル	81
自己複製	40
シトシン	54
シャルガフの経験則	67、74
ジャンクDNA	120
終止コドン	98
絨毛検査	171
出生前診断	169
種の起源	44
常染色体	20、32
常染色体優性遺伝	157
常染色体劣性遺伝	157
小胞体	26
真核生物	25
水素結合	74
ストップコドン	120、136
スプライシング	118、122
スペーサー	106
生殖	42
生殖細胞	20
性染色体	20、32
セルフスプライシング	128
染色体	14
センス	104
先天性免疫不全症	154
セントラル・ドグマ	96
線毛	25
相同染色体	20
相補的	74
粗面小胞体	26

た

ターミネーター	102
体細胞	20
対立遺伝子	159
多因子遺伝	169
多細胞生物	23
単細胞生物	23
チミン	54
調整部位	19
デオキシアデノシン	62
デオキシリボース	54
デオキシリボ核酸	18
電気泳動	178
電子の共有	72
転写	95
テンプレート	102
ドデカマー	91
伴性遺伝病	164
トランスファー RNA	96

な

投げ輪構造	128
ヌクレオシド	62
ヌクレオソーム	14、139

は

パーフェクトマッチ	88
ハイブリダイゼーション	182、185
パリンドローム	178
伴性遺伝病	164
半保存的複製	75
非凝縮クロマチン	17、140
非共有結合	72
ヒストンオクタマー	139
ピリミジン塩基	62
フェニルケトン尿症	148
復元	80

索引

複製	95
フラッシャー	133
プリン塩基	61
フレーム・シフトミューテーション	148
プローブ	182
プロセッシング	118, 122
プロモーター	101, 120
ヘアピンRNA	109
ヘテロ接合体	159
ヘモグロビン	151
変性	79
鞭毛	25
ポイント・ミューテーション	148
ホモ接合体	159
ポリA	121
ポリAテイル	122
翻訳	134

ま

ミススペリング	144
ミトコンドリア	26
ミスマッチ	88
娘細胞	28
メッセンジャー RNA	96

や

有糸分裂	28
優性	48
優性遺伝病	159
優性の法則	48
羊水検査	171

ら

らせん構造	69
立体構造	69
リボザイム	128
リボソーム	25, 26
リボヌクレアーゼ	111

リリースファクター	136
リン酸	54
劣性	48
劣性遺伝	161
劣性遺伝病	159

《 著者によるおもなライフサイエンス図書 》

1. 『心の病は食事で治す』　　　　　PHP研究所、PHP新書
2. 『食べ物を変えれば脳が変わる』　PHP研究所、PHP新書
3. 『青魚を食べれば病気にならない』 PHP研究所、PHP新書
4. 『脳がめざめる食事』　　　　　　文藝春秋、文春文庫
5. 『脳は食事でよみがえる』　　　　SBクリエイティブ、サイエンス・アイ新書
6. 『よみがえる脳』　　　　　　　　SBクリエイティブ、サイエンス・アイ新書
7. 『脳と心を支配する物質』　　　　SBクリエイティブ、サイエンス・アイ新書
8. 『がんとDNAのひみつ』　　　　　SBクリエイティブ、サイエンス・アイ新書
9. 『脳にいいこと、悪いこと』　　　SBクリエイティブ、サイエンス・アイ新書
10. 『子どもの頭脳を育てる食事』　　KADOKAWA、角川oneテーマ21
11. 『ボケずに健康長寿を楽しむコツ60』KADOKAWA、角川oneテーマ21
12. 『砂糖をやめればうつにならない』KADOKAWA、角川oneテーマ21
13. 『ドキュメント 遺伝子工学』　　 PHP研究所、PHPサイエンス・ワールド
14. 『初めの一歩は絵で学ぶ 生化学』 じほう
15. 『ウイルスと感染のしくみ』　　　SBクリエイティブ、サイエンス・アイ新書
16. 『日本人だけが信じる
　　間違いだらけの健康常識』　　　KADOKAWA、角川oneテーマ21

索引

英数字

1対の遺伝子	48
1倍体	21
2倍体	21
ADA欠損症	154
DNA	16、18、61
DNAの複製	75
DNAの融点	83
DNAポリメレース	113
DNAメルティング・カーブ	83
ES細胞	200
iPS細胞	200
RNAポリメレース	113、121
σタンパク質	102

あ

アデニン	54
アデノシンデアミネース	154
アニーリング	80
アンチセンス	104
遺伝学	45
遺伝子	14、18、45、52
遺伝子治療	194
遺伝子の組み換え	56
遺伝情報	45
遺伝子診断	176
遺伝性疾患	144、156、157
遺伝的スクリーニング	150
遺伝の融合説	48
イメージング	171
イントロン	120
エクソン	120
エムエスティツー	188
エラー	115
塩基	54
エントロピーの法則	39
エンハンサー	120、130
親細胞	28
オープン・プロモーター・コンプレックス	104

か

開始コドン	98
化学平衡	81
核酸	53
核膜孔	26
核様体	25
滑面小胞体	27
鎌状赤血球貧血	152
幹細胞治療	199
キャップ	118、122
凝縮クロマチン	17、140
共有結合	72
グアニン	54
クロマチン	14、139
形質転換	52
形質転換物質	52、56
ゲノム	14、20
原核生物	25
減数分裂	30
元素分析	56
構造遺伝子	18、101
コード	96、98
コドン	98
ゴルジ体	27
コントロール実験	52

サイエンス・アイ新書 発刊のことば

science·i

「科学の世紀」の羅針盤

　20世紀に生まれた広域ネットワークとコンピュータサイエンスによって、科学技術は目を見張るほど発展し、高度情報化社会が訪れました。いまや科学は私たちの暮らしに身近なものとなり、それなくしては成り立たないほど強い影響力を持っているといえるでしょう。

　『サイエンス・アイ新書』は、この「科学の世紀」と呼ぶにふさわしい21世紀の羅針盤を目指して創刊しました。情報通信と科学分野における革新的な発明や発見を誰にでも理解できるように、基本の原理や仕組みのところから図解を交えてわかりやすく解説します。科学技術に関心のある高校生や大学生、社会人にとって、サイエンス・アイ新書は科学的な視点で物事をとらえる機会になるだけでなく、論理的な思考法を学ぶ機会にもなることでしょう。もちろん、宇宙の歴史から生物の遺伝子の働きまで、複雑な自然科学の謎も単純な法則で明快に理解できるようになります。

　一般教養を高めることはもちろん、科学の世界へ飛び立つためのガイドとしてサイエンス・アイ新書シリーズを役立てていただければ、それに勝る喜びはありません。21世紀を賢く生きるための科学の力をサイエンス・アイ新書で培っていただけると信じています。

2006年10月

※サイエンス・アイ（Science i）は、21世紀の科学を支える情報（Information）、
知識（Intelligence）、革新（Innovation）を表現する「i」からネーミングされています。

SB Creative

science·i

サイエンス・アイ新書
SIS-304

http://sciencei.sbcr.jp/

とことんやさしい
ヒト遺伝子のしくみ
体型も性格も運動能力も
病気のかかりやすさも左右する

2014年4月25日　初版第1刷発行

著　　者	生田 哲
発行者	小川 淳
発行所	SBクリエイティブ株式会社
	〒106-0032　東京都港区六本木2-4-5
	編集：科学書籍編集部
	03(5549)1138
	営業：03(5549)1201
装丁・組版	クニメディア株式会社
印刷・製本	図書印刷株式会社

乱丁・落丁本が万が一ございましたら、小社営業部まで着払いにてご送付ください。送料小社負担にてお取り替えいたします。本書の内容の一部あるいは全部を無断で複写(コピー)することは、かたくお断りいたします。

©生田 哲　2014 Printed in Japan　ISBN 978-4-7973-6530-6

SB Creative